U0029969

I can count on my cats. They are always by my side.

被貓咪
包圍的
日子

認真為他們付出，一定會有回報的。

時常看著他們的尾巴發呆，陶醉在鬆軟的療癒裡。

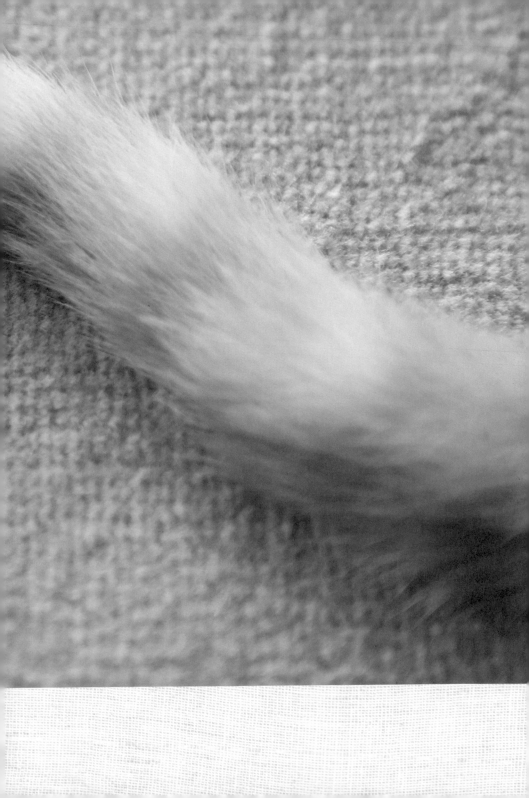

序

奴才 / 志銘

很常有人好奇，《黃阿瑪的後宮生活》還會有第三集嗎？這一集還能寫出什麼內容呢？其實我們去年要發行《後宮交換日記》前，就曾思考過這個問題，在《阿瑪建國史》裡，我們努力把最豐富的後宮生活記錄在裡頭了，那接下來還有新內容可以寫嗎？

隨著時間一天天過去，我們發現，貓咪是有生命、與我們有情感交流的夥伴，正因如此，我們每天的生活都與他們互相影響著，甚至他們自己彼此間，也會自行發展出新的交往關係與習慣模式，而這些日常中的枝微末節，正是我們必須繼續記錄下來的動力。

然而一轉眼一年又過去了，這一年來發生了好多令人難忘的事件，不論是虐待動物的相關動保議題，或是後宮嚕嚕生重病的整個醫療過程，還遇見了超親人的愛滋貓小黑，以及令人哭笑不得的多起後宮亂尿尿事件……當然在這一年裡，阿瑪的粉絲也突破了一百萬人，相信不只是我們，對於喜歡這些毛孩的你們，必定也都還歷歷在目。

我們始終希望透過阿瑪及後宮們的日常生活，可以繼續讓更多人認識貓咪，並且在愛他們、覺得他們可愛之餘，還能多給他們一份耐心與理解。希望真的有一天，流浪的毛孩們都不必再擔心受怕，當然啦，如果可以不要再有毛孩流浪，那就更完美了。

我是大瑪，我會代替阿瑪出巡受邀到各地去站台，目前去過台北、桃園、台中、台南和嘉義囉！

狸貓、大瑪、志銘（由左至右）

奴才 / 狸貓　　這不只是一本述說他們有多可愛的書，更是一本揭露他們平日生活的爆料祕辛，藉此讓大家更認識毛孩子。我們不希望大家因為喜歡阿瑪和後宮，而衝動、沒計畫性地去飼養寵物，因為我在小時候，就曾犯過這樣的錯。

小時候的我覺得狗狗很可愛，一直跟媽媽吵著說想要養狗，在當時的社會，還沒有領養的觀念，且沒有網路可以找資料，所以沒有考慮後續的照顧問題。而媽媽也因為太寵我，就帶我去購買了人生的第一隻寵物，他叫 Lucky。

現在回想起來，實在很對不起家人，也對不起 Lucky，因為後來都是爸媽在照顧，我只是負責摸他、玩他，完全沒有教養和照顧的觀念，在當時的我，真的只是把他當成一個「可愛的玩具」吧，這樣的觀念真的很不好。後來養沒幾年，Lucky 有一天突然失蹤了（可能是被偷抱走），就這樣結束了我飼養第一隻寵物的經驗。

或許正在看著書的你，很想要養寵物，但在你決定飼養之前，希望你能知道，養寵物是要花時間、花錢、花心力的，不只是可愛而已，且他們壽命可能長達幾十年，你願意接下來的歲月裡，時時替他們把屎把尿、忍受他們搗蛋，甚至是他們生病時，願意掏錢出來醫治他們嗎？如果你真的有想清楚了，就開始好好規畫你和毛孩子的未來生涯吧！

Contents

PART 1　人類的觀察

m e o w

m e o w

手中的溫暖．非專業肉球心理學

男 / 摩羯座 / 2007.0107 生日 / 路邊撿到奴才 / 米克斯貓

阿瑪

阿瑪的肉球,是純正粉紅色,粉紅色
色感偏溫,按常理判斷,他應該是個
性溫和的優質暖男,但實際上卻是個
霸道又貪吃的厚片壞男,只能說,凡
事真的不能只看表面啊。

招弟

招弟的肉球，粉紅中帶點內斂的黑色，
如同她的個性，溫柔中帶點堅忍的韌
性，也許是她幼年時期從風災中倖存
之後，從中學習到的一種體悟吧。也
許有人覺得看起來很雜亂？其實，雜
亂的是我們的心，試著把眼界打開，
心胸也會跟著寬廣吧。

女 / 雙子座 / 2011.0601生日 / 路邊撿到奴才 / 米克斯貓

女 / 獅子座 / 2007.0804 生日 / 奴才領養 / 米克斯貓

三腳

三腳的肉球,跟阿瑪一樣,是純正粉紅
色,唯一不同的是,她只有單邊的手
掌,缺了一個手掌,所以她必須比別貓
更強悍些,才不會吃虧。看著她的手,
我想我們應該學會珍惜與感謝,尤其是
當我們都好手好腳的時候。

女 / 牡羊座 / 2010.0420 生日 / 奴才領養 / 米克斯貓

Socles

Socles 的肉球，是黑色的，但，是消光黑？
鋼琴黑？嘿嘿黑？極致黑？還是烏漆抹
黑？不管怎樣，她的美和她的黑，只願意
展露給她信賴的人類欣賞，而貓族，是永
遠不在她願意打開心房的種族名單裡面的
（ Chylus 除外），也許聽起來有點孤僻，但
這是她的選擇，我們得尊重她。

嚕嚕

嚕嚕的肉球，以粉紅色為基底，再以
黑色素增添點綴，看起來不過於雜亂，
也不過於完美，跟他的個性一樣，喜
歡撒嬌卻又會攻擊人，討人喜歡卻又
令人害怕，仔細想想，我們人類自己
都有很多缺點了，有什麼資格去要求
貓咪要十全十美呢？

男 / 巨蟹座 / 2007.0714 生日 / 奴才領養 / 米克斯貓

柚子

柚子的肉球，跟嚕嚕的很類似，粉紅底加
入大面積黑色，過於玩味的設計，總讓人
忍不住仔細欣賞起來，這個創作究竟是像
媽媽，還是像爸爸呢？也許柚子根本就沒
有像誰，他就是像他自己，就跟人一樣，
誰都無法取代誰，所以，最好也別從誰的
身上尋找誰的影子，是吧？

男 / 處女座 / 2013.0920 生日 / 奴才領養 / 米克斯貓

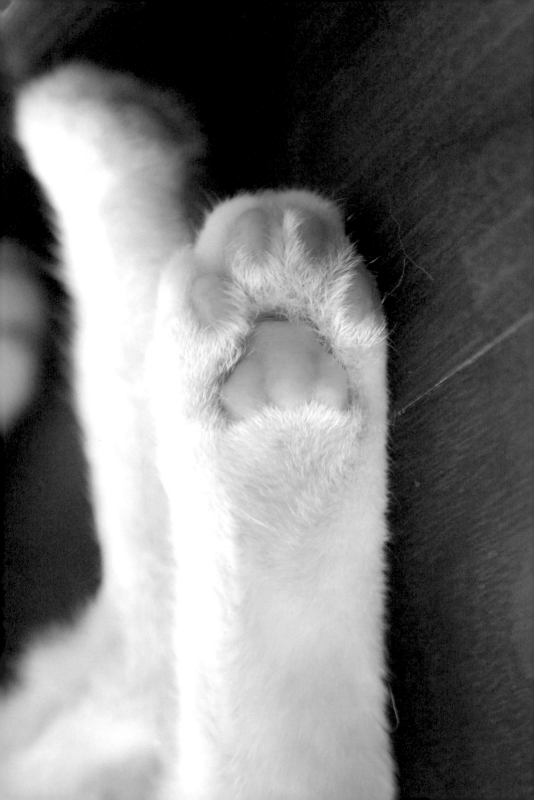

男 / 牡羊座 / 2015.0412 生日 / 奴才領養 / 米克斯貓

浣腸

浣腸的肉球，也是粉紅色，他溫和優雅（終於有個
跟粉紅色搭配得起的個性了），但是又過於溫和，
變得怯懦了些，不接受別人太靠近他，也因為這
樣，我們反而更想用各種方式得到他的信任，有點
像是追求心儀的對象，用盡各種方式逗他開心、吸
引他注意，慢慢的彼此都開始享受這個過程，時而
親近時而生疏的曖昧感，不甜也不淡，剛剛好的距
離美，這就是與浣腸相處的哲學啊。

人類的觀察

有人說
他們不就只是貓咪嗎
哪有什麼分別

但有養過貓的都知道
貓根本就像是個人

每個人都不同
貓也一樣
同款飼料養百樣貓

不論是
個性 癖好
體型 食量
想法 興趣
都完全不同

而這些事情
只有透過觀察才會發現
那些貓咪世界的

神祕與奧妙

住在中和的阿瑪與灰胖
2011/0608

阿瑪與生俱來的霸氣

每隻貓的個性都不同，可能會膽小、勇敢、外向、害羞、親人或者
不親人⋯⋯其實這些都跟他們各自的生長背景及生活經驗息息相
關。然而這些來自各處的貓咪都聚集在一塊兒時，透過他們的相
處，就更能看出他們在團體中的社會化性格與能力，也很明顯可以
看出誰最有領導能力。

阿瑪天生就帶著一股自信，面對任何貓任何人，從不退縮懼怕，遇
見沒發生過的狀況，也總能處變不驚不會亂了方寸。阿瑪的眼神像
是能看穿別人般的敏銳，從不飄忽游移，每當他對貓或人發號施令
時，說出口的每一句話，都有著君無戲言的堅定。

面對後宮的大小紛爭，他總能處理得恰到好處，如果像是柚子、浣腸孩子般的嬉鬧這類芝麻小事，他通常不需出面，除非是兩位娘娘也管不動，或是阿瑪想要安眠休息時，他也只需要站出來悶哼一聲，小屁孩二貓組就會立刻安靜。然而貓生不如意事十之八九，偶爾若是發生像嚕嚕叛亂起義這等稍微嚴重的不法情事，阿瑪就會表現出更威嚴肅殺的傲人霸氣，穩固他的江山。

有些事情不用特別操心，順其自然比較好。

看著窗外的阿瑪與招弟
2012/0118

皇后的溫柔

在後宮裡，除了阿瑪貴為天子外，自然是皇后「招弟」最為尊貴，一貓之下萬貓之上的地位，非她莫屬。

但其實招弟平日裡並不多話，也甚少搶出風頭，面對後宮裡的大事小事，總是以阿瑪的意見為意見，她從不多問一句，也不曾有任何埋怨。對她而言，生活中所有的一切都是為了阿瑪，為阿瑪而服從，為阿瑪而戰鬥，甚至為了阿瑪而管教後宮。

原來你們是這樣看我的啊。

招弟的第一次動怒，是嚕嚕初入宮時的挑釁。當年除了因為嚕嚕的白目性格之外，她或許也感受到嚕嚕對阿瑪懷著一種後宮裡未曾出現過的敵意，所以急於挺身而出為阿瑪立下馬威。招弟的第二次動怒，則是發生在浣腸因為發情亂尿尿的那段時期，那陣子後宮因為浣腸而開始了第一波的亂尿尿大流行，平常脾氣好的招弟卻很反常的處處針對浣腸，好幾次都把浣腸逼到角落，大聲嚴厲斥責他，使得當時年幼的浣腸對招弟產生一種無以名狀的恐懼。對浣腸來說，在阿瑪、三腳面前，他還可以跟柚子玩耍嬉鬧，但在招弟面前，可就得收斂一下才行。

別蝴蝶結的招弟 2012/0215

招弟好像很喜歡朕。

扭

扭

招弟因貓而異的溫柔，或許讓人覺得有些差別待遇，但她其實只是想要維持後宮的安樂現狀，所以每當她細膩的第六感感應到任何一點異常的氣氛，她便會感到不安。真正令招弟在意的，是害怕「改變」，害怕從小習慣的萬睡皇朝被推翻，害怕一直以來深愛的阿瑪被反抗，凡是任何可能造成改變的跡象出現，都將是她不願見到、並且亟欲解決的。

幫我別蝴蝶結做什麼？太可愛會招蜂引蝶啊，我只屬於阿瑪。

招弟，朕在等
妳的剩飯囉。

當年有點瘦的阿瑪與招弟
2013/0418

阿瑪的招弟

阿瑪與招弟之間的關係十分微妙，既像是夫妻、卻又有種君臣間的上下地位區分，然而最特別的是，從他們對彼此的態度來看，更貼切的說法其實是：招弟是阿瑪的所有物。

阿瑪對招弟除了盡到保護的責任之外，也將她視為自己的財產，所以招弟本身就是阿瑪的，招弟喜歡的床也是阿瑪的，招弟喜歡的食物玩具更是屬於阿瑪的，對阿瑪來說，保護招弟除了單純源自於對招弟的憐愛之外，更深一層的意義，其實是在保護著自己的東西。

而對招弟來說，似乎也認同這樣的關係，對她而言，阿瑪有如天地般偉大，阿瑪的每個眼神每個動作，都能決定招弟的行為舉止。當她窩在最愛的貓窩裡睡覺時，見到阿瑪走向前來，她就知道阿瑪是喜歡她待著的這個位子，不需要多說話，只要注視著阿瑪的眼神，招弟就會移到隔壁，把空位讓出來。

只要是阿瑪你要的，我什麼都願意先給你。

招弟除了服從之外，更有著無比的柔性光輝，每回嚕嚕試圖挑戰阿瑪，招弟便會憤怒的出面與之對抗，哪怕眼前面對的是隻健壯的成年公貓，她也毫無畏懼。

或許對她來說，保護夫君從來就不是需要猶豫的事。

沒關係，朕現在這床位也非常舒適，很剛好喔。

有時候會覺得
我們人類
是不是
太複雜了呢

羨慕他們
簡簡單單
的親暱

圍圍巾的三腳
2012/0131

三腳的後宮管教之道

三腳在未入宮前，曾在外流浪過一段很長的時間，當年她除了在外飽受強悍的貓狗欺負，更時時刻刻必須面對尋找糧食的壓力，自然也就造就了她極為防備且火爆易怒的性格。

而這樣個性的三腳進入後宮後，原以為她和大家的相處會很辛苦，可能會需要花很長的時間去適應，但沒想到這段磨合期，意外的比原先預料的還要順利許多且短暫。一方面可能因為三腳的霸氣怒吼讓眾貓產生反射性的畏懼，或是因為她年紀較大又有殘疾（斷手），使得後宮貓咪們很自然的

嗨，你好！

把她當作「老弱婦」來禮讓。另一原因是，三腳怒吼的聲音確實很嚇人，後宮裡的小朋友們被三腳這樣一吼，沒有被嚇得東倒西歪也是不合理。

大家最好不要在我眼前作怪。

然而不論是哪個原因，三腳都順利在後宮坐穩了娘娘的位子，
後宮成員也都對她以禮相待，不敢造次。對其他貓而言，三腳
或許就只是個強悍的鐵娘子，但也許只有她自己明白，在這些
武裝面具的底下，其實參雜著無數的心酸和不堪回首的回憶。

呼嚕……
　　呼嚕……

她輕鬆睡著午覺
也放鬆打了哈欠

只是
她不知道
默默被拍了照
還默默療癒了大家

謝謝妳
也謝謝妳的爸媽

很會找東西倚靠的三腳
2012/1102

阿瑪與三腳的姊弟之情

身為萬睡皇朝的皇上，阿瑪的地位自然是在眾人眾貓之上，面對任何事一向都是天不怕地不怕。在這世界上，除了肚子餓之外，恐怕沒有什麼能讓阿瑪有所恐懼的了，就唯獨是三腳，勉強可算是阿瑪在這世界上難得的剋星，也是唯一能治得了阿瑪的貓咪。

阿瑪不但壓制不了三腳，在他們最初相識之時，甚至還有些怕三腳，那種害怕不是遇到野狗怕被傷害攻擊的那種，而是一種三腳如果站在前方，阿瑪便會裝作沒看見，並且想辦法繞道而行的敬畏。

那時的三腳，每當見到阿瑪就會咆哮，很像是在訓斥阿瑪做錯什麼似的，剛開始，阿瑪還會想為自己辯駁些什麼，試圖喵個兩聲為自己說說話，不過總會馬上被三腳以更憤怒的怒吼駁斥回去，像是在罵他：「你還狡辯啊？」。

就這樣，阿瑪總說不過三腳，久而久之，阿瑪也不想再花力氣為自己辯解了。自此之後，阿瑪像是領悟了些什麼道理，認清了彼此的關係之後，對三腳反而更能坦然了，只要「不看、不聽」，自然就能不委屈、不動怒了。

身為君子，必須能屈能伸啊。

然而最神奇的是，自從阿瑪頓悟，不再回嘴之後，三腳就很少再責罵阿瑪，或許對三腳而言，阿瑪就像是自己的弟弟一般，身為長姊理當要身兼母職，適時的給予鞭策，才能幫助阿瑪穩固江山啊！

然而阿瑪與三腳這一路以來的相處，看在奴才眼裡其實是十分感動的，一隻成年壯碩公貓怎麼會怕一隻有殘疾的虛弱母貓呢？難道阿瑪就真的只是害怕三腳的叫聲嗎？想來，阿瑪對三腳的那份敬畏，絕不只是簡單的害怕或厭惡等等負面情緒而已，那份敬畏感裡，其實蘊含了更多的情感成分，除了有一些恐懼、一些理解包容之外，還有更多感同身受的心疼。

不愧是皇上……

(

因為同樣在外流浪過，都曾在風吹雨打的日子裡拚命討生活過，阿瑪更能理解三腳的辛苦，他理解三腳每一聲怒吼背後的恐懼與委屈，在阿瑪被罵時那不願多說話的眼神裡，看到的是一個最溫暖的堡壘。

也許三腳也有感受到阿瑪的體諒，現在偶爾會出現他們靠在一起睡覺的畫面，果然，人若懂得低頭，不事事計較，不用情緒處理事情，還是會討得他人的歡心啊，謝謝阿瑪的優良示範。

要不要陪我玩啊？

Smile!

終於睡著的小柚子
2013/1114

後宮人氣王

柚子是標準的公關貓，不只十分親人，面對貓咪更是八面玲瓏，是大家的好朋友，跟誰都不交惡。

他初入宮時，像個單純又涉世未深的孩子，不怕任何貓，也不知道應該要怕誰。初次見面就大膽靠在後宮裡脾氣最火爆的三腳娘娘身邊，並理所當然的幫三腳整理起毛來，如此這般無所畏懼的舉動，成功拉近了與後宮成員們的距離，也讓大家對他的第一印象十分良好。

不論是面對人或是貓咪們都是如此，柚子一直以來都不怕生，從他清澈的眼神裡，彷彿看到的世界淨是單純與美好，也因為他如此簡單的個性，讓每隻貓與他的關係也隨之變得單純很多，就算偶爾他會捉弄嚕嚕、對三腳頂嘴……但是這些也都只是會被當作小屁孩的頑皮舉動來看待，並沒有貓會真的對柚子動怒。

他就像一個擁有特權的小霸王，像是一個沒有投票權不用負責任的小孩子，他在後宮可以勇敢說自己想說的話、做自己想做的事，他給大家的形象就是那樣隨心所欲，所以生活起來也沒有太多包袱，也因為大家都習慣他的搗蛋調皮，如果哪天變得很正經，可能反而會覺得他病了呢！

貓咪的世界其實也像人類世界一樣，時時刻刻需要為了生存而相互競爭著，每隻貓都需要擁有自己的武器及技能，而柚子身上最天賦異稟也是最珍貴的，便是那單純直接的溫度，是個可以融化這世界的所有人與貓的無敵武器。

想進去玩……

抓抓……　抓抓……

像個影子的 Socles
2013/0312

無法忽視的後宮焦點

Socles 是一隻黑貓，全身除了眼睛之外，幾乎都是黑的，這在大家眼中，覺得沒什麼大不了，但在其他貓咪眼中看起來，就顯得非常特別，除了花色特別明顯之外，她的一舉一動更是令其他貓深深著迷。

Socles 生性容易緊張，而且是屬於親人不親貓的類型，更明確的說，在面對後宮眾貓時，她會有被害妄想症的症狀。打從一入宮時便是如此，她總覺得大家靠近是想要傷害她，但大多時候後宮貓咪們只是因為好奇而接近，因為想要看清楚 Socles 的樣貌、想跟她玩，或甚至原本根本沒有貓在注意著她，是她自己因為害怕被其他貓發現，所以老是做出一副鬼鬼祟祟的模樣，當她做這些動作時，原本就充滿神祕感的她瞬間就成為一團影子，而貓咪的天性本來就會無法抵抗那若有似無、如同鬼魅般的身影出現在眼前，他們會克制不了衝動，想要撲上前去，抓住那飄忽不定的影子，所以 Socles 每回以這種詭異的姿態出現在大家面前時，都讓人覺得這簡直就是她自己逼貓撲向她、逼貓犯罪啊。

原以為日子一久，她對後宮們的防備心會逐漸減弱，總有一天與大家變成好朋友，但隨著時間一天天過去，距離不但沒拉近，反而更遠，她仍努力與其他貓保持著一定的距離，分秒都無法鬆懈下來，而因為老是無法接近，反而讓其他貓咪們對她更是好奇，更想找機會好好抓住她一探究竟。

或許在 Socles 心裡，她只想低調平凡過一生，不願意爭什麼，也不期待與別貓有什麼深刻的情感交流，然而有時命運總無法盡如己意，明明想當個無名小卒，卻意外變成萬眾矚目的焦點，如果 Socles 能坦然面對這一切，以平常心去面對那些她受到的異樣眼光，也許她就能活得更自在、更開心。

這是我的證件照……

這是我自己
的房間喔！

企圖隱身的 Socles
2013/0320

Socles 獨處的祕密

一直以來，都會以貓咪的食欲來輔助判斷他們的精神狀況是否正常，判斷的依據自然是與他們以往的狀態來比較，像是嚕嚕平常食量很大，突然不吃飯時就很有可能是因為身體健康出了問題，必須馬上去醫院檢查，而後宮其他貓咪們亦是如此，若是誰突然不吃飯了或是吃得特別少，都必須馬上跑一趟醫院。

從認識 Socles 的第一天起，就發現她的食量比其他貓咪都小了許多，當時後宮的放飯時間是固定的，地點也都統一是在樓上的貓房裡，每當奴才喊「吃飯」，大家就會動作一致衝向樓上，大家總是爭先恐後、狼吞虎嚥，就唯獨 Socles 不是這樣，不論再怎麼餓，她永遠都只吃少少的，猶如淑女一般，不像其他貓咪們不計形象大口吃飯，她永遠都是細嚼慢嚥，飽了就會離開，從不執著於要把盤裡的飼料吃光光。

剛開始有些擔心，猜想 Socles 是不是因為身體出狀況才沒食欲，但檢查過後，各項數值報告都說明她的健康狀況沒有問題。直到有次 Socles 因為感冒住院，短短三天，她就胖了一圈，醫生還說她一直處於吃不飽的狀態，給她飼料之後她還會一直討要，完全不像先前所說的小食量，實在是百思不得其解，到底為何在後宮與醫院會有如此大的差別呢？

之後某回進行動物溝通時，溝通師試著幫助奴才們理解 Socles 與眾貓一起吃飯時的感受，那就像是一個人進入一間小吃店準備要飽餐一頓時，這時卻發現隔壁桌有幫派分子在鬥毆叫囂，雖然知道不關自己的事，但是想必大多數人就算再餓，也很難裝作沒事繼續用餐吧，一般平常人都是如此了，更何況是 Socles 這種內向害羞的貓咪，當然是更想逃離那個空間了。

誰會想要在正在鬥毆的小吃店裡吃飯呢？

• 很愛看著窗外的 Socles。

• 開始在小房間獨居的 Socles

我喜歡自己住！

恍然大悟後，立即思考該怎麼幫助 Socles，才能讓她安心吃飯安心生活，思來想去最好的方式就是隔離，讓她自己住一間套房，定居在辦公室裡。因為辦公室裡面電器或是雜物較多，剛開始有點擔心她會在裡面搗亂，不過 Socles 非常乖巧，用行動來證明她是可以自己一貓在裡頭好好生活的，完全不需要擔心，她也不再需要煩惱受到其他貓咪的騷擾或是影響了，現在的 Socles 過得很輕鬆自在，每天開心吃飯安心睡覺，除此之外，她還獨占了一片美麗的風景呢。

當時還不敢下樓的嚕嚕
2013/0108

為自己而活

在後宮眾貓的貓際關係中，最令人擔憂的自然就是嚕嚕了。因為從小獨自一貓在人類家庭裡長大，嚕嚕的社會化程度非常不足，導致一入後宮隨即陷入被眾貓排擠的狀況，而且一轉眼就是好幾年。在這幾年的時光裡，嚕嚕被排擠的嚴重程度多少也隨著時間而慢慢趨緩，不過除了奴才們偶爾介入調停並且給他安慰之外，嚕嚕自身的樂觀態度，才是一路走來給他自己最重要的力量。

大家對嚕嚕的不友善，其實並沒有造成他太多負面的影響，反而在後宮裡第一隻以四腳朝天仰躺式的姿態睡覺的就是嚕嚕，「嚕大爺坐姿」也是從嚕嚕開始流行起來。每當大家擔心著他的心理狀態時，他總是用「我沒事啊」的表情及放鬆體態來安撫我們，一次又一次更慵懶的坐姿及睡姿，都不禁讓人懷疑嚕嚕的大腦或是感知神經是否出了什麼差錯，又或者其實是奴才們自己太過玻璃心了嗎？

誰快來摸摸我？

我行我素，我是嚕嚕。

- 為了取暖，硬是要擠在一起。

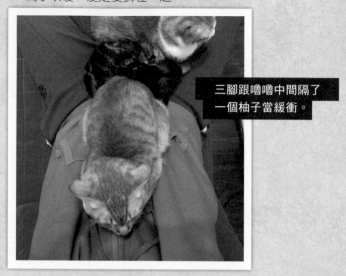

三腳跟嚕嚕中間隔了
一個柚子當緩衝。

仔細回想這幾年來，嚕嚕並非一開始就如此樂觀，起初他也曾反抗過三腳，也對阿瑪大叫表示抗議過，或許在他心中最矛盾的，便是他雖不與這群貓要好，但卻極需要人類的陪伴，為了繼續陪在奴才身邊，他不得不忍氣吞聲、委曲求全，以前他靠在奴才身上討摸撒嬌時，三腳總會想趕走他，那時他會無奈認分的聽從三腳指令離開，但幾年後的現在，他已學會視若無睹，學會把三腳罵他當作耳邊風，甚至常常在三腳面前，更放鬆的四腳朝天，呼呼大睡。

現在的嚕嚕不會因三腳的責罵而改變自己的任何意志，他開始為自己而活，自己想做什麼就做什麼，想要去哪就去哪，不必再在乎別貓的眼光，或許正因為他的心境上有了這些改變，即使後宮眾貓仍不喜歡他，但嚕嚕外在表現出來的模樣，卻像是換了一隻貓似的輕鬆自在，而那自在的外表，背後藏著滿滿的無奈，正因為理解出那分無奈，才更心疼嚕嚕，也更堅定要當他一輩子的奴才了。

這是偶爾會在後宮中出現的鬥嘴畫面，通常奴才們會先在旁邊觀察，若情況鬧到不可開交、或已經開打的話，才會介入並支開他們，將其中一位先放到小房間暫時冷靜一下。

你想幹嘛？

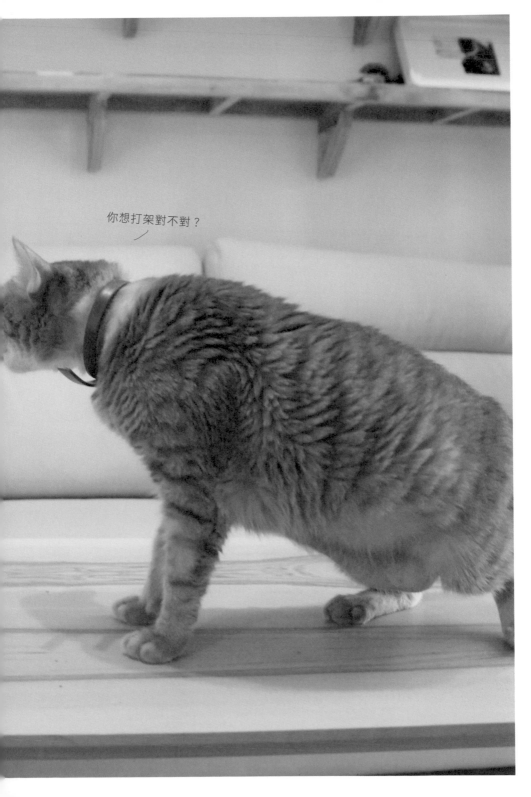

你想打架對不對？

從小就愛望著窗外的柚子
2013/0120

禪學大師

後宮的午后時光通常都是昏睡一片，眾貓各自會挑自己喜歡的地方午睡，唯獨柚子常常跟別貓不同，總會待在陽台落地窗邊，直楞楞的看著窗外發呆。

有人說窗外的風景就像是貓咪的電視機，他們無聊時就會選擇待在這個大自然電視機前，打發無趣又漫長的日常時光，對柚子而言，在窗外的世界充滿著不確定性的新鮮感，除了單純對於各式各樣景色感興趣外，其實還有一個有點可憐又有點可愛的原因。

當年柚子剛入宮時，因為後宮貓咪都已成年許久，大家對於柚子感興趣的那些遊戲，都很不屑一顧，再加上大家似乎都覺得幼貓很煩人，所以其實都沒什麼貓想理柚子，可偏偏柚子當時正處幼貓精力最旺盛的年紀，不僅想玩耍，還想要無止盡不眠不休的玩，眼看沒有貓想理他，他只好找奴才們，但就算奴才想陪他，也必須兼顧工作，每回總在他仍意猶未盡時，就被迫中斷遊戲。

• 大家似乎都很納悶為什麼柚子要看窗外。

當逗貓棒收起時，柚子總會喊叫一陣子，直到確定奴才們已下定決心不理會他
時，他就會默默走向那片陽台邊的落地窗，靜靜坐下或趴下，然後一待就是好幾
個鐘頭，直到夕陽西下。

一開始只是柚子找到打發時間的方式，但後來就算多了浣腸這個玩伴了，他也仍
然每天都會到陽台邊報到，剛開始浣腸也會跟隨著柚子哥哥一起看窗外，但很顯
然浣腸無法耐著性子，對他而言，待在落地窗前只是單純陪伴柚子，並不是真的
能在這邊獲得些什麼開心的收穫。

然而對現在的柚子而言，這似乎已經像是個習慣，是每天不得不做的例行公事，
可能就連柚子都忘記當初開始這樣做的初衷是什麼了，但無論是什麼都不要緊，
重要的是，現在的柚子仍每天都會到窗邊，也許只是因為這個舉動而感到安心，
而這也正是這個動作存在最珍貴的意義。

他到底在看什麼？

沉睡中的惡魔
2016/0612

後宮衛生股長

貓咪是很敏感的動物，周遭環境的改變，常不只影響貓咪的心理，
也很有可能影響到他們的行為，面對貓咪的行為問題時，想要解
決必須要從他們的立場去思考，幾乎所有的行為問題都是有原
因、有跡可尋的，如果不夠了解你的貓咪，便無法解決他們的問
題，所以遇到問題時，請先別急著生氣，先靜下心來思考看看為
什麼？他們是不是想藉由這個行為傳達什麼訊息呢？

後宮貓咪們之中有個特別的職務叫做「去味大師」，而浣腸負責
擔任此重任。顧名思義「去味大師」就是要把味道去除掉。就人
類的認知來說，把味道去掉這件事情，理所當然就是指不好的臭
味，人聞得難受，就會想要去除它。但對於敏感的貓咪來說，臭
味的定義應該比人想的還要來得廣泛許多，人覺得臭的，他們可
能也覺得臭，但人喜歡的香味，他們還是有可能覺得臭，而當他
們想要清除這些不喜歡的味道時，最直接也最簡單的方式，就是
讓用自己熟悉的味道蓋過去，而對貓咪而言最好的除臭劑，就是
他們的尿。

這些東西經過我的處理，奴才們應該很開心吧？

30
告別玻璃心
5 項 修煉・打造強心臟

• 新買的雜誌上都是尿，浣腸一定是在訓練我們，要確實告別玻璃心。

• 原本是放在後宮給他們睡覺用的空紙箱，也許是形狀不合浣腸的味口，沒多久就被尿尿摧毀了。

• 有嚴重潔癖的衛生股長。

第一次發現去味大師執行任務，是在某次工作室開伙用餐後，因為餐桌上沒有擦乾淨，殘留著前一晚晚餐的味道，隔天早上同事們就發現餐桌上有一泡尿，才知道原來是去味大師上工了啊⋯⋯還有一次是狸貓買了一本新雜誌，不知道是因為書名，還是因為新書的紙張味道被浣腸討厭，明明那本雜誌好好擺在桌上，隔沒多久也被尿得整本濕答答的，才剛買來都還來不及翻開就這樣陣亡了，還真的是躺著也中尿。

除了「去味大師」之外，浣腸還有另一個職務叫做「桌面清空大師」，工作內容不太需要多解釋，就是把桌上的雜物清空到地上。浣腸第一次出現這行為時，真的嚇壞我們了，因為在浣腸之前的後宮每隻貓，從沒出現過這樣的行為，所以浣腸根本無從模仿起，仔細想想還真不知道他是從哪學來的，這或許就是他與生俱來的潔癖性格吧。

由此可見，貓咪就像人類一樣，雖然某些行為可能靠模仿而來，但也有很多例外，行為問題之所以難解決，就是因為他們不是機器，他們是有大腦、會獨立思考的個體，他們有不同的感受與情緒，所以各式各樣的股長都可能會出現在大家身邊，養貓之前千萬要有心理準備啊。

他看著我拿起相機靠近他

便一溜煙的
跑到樓梯角落

但是他很好奇
好奇我到底要幹嘛

於是探出頭來

露出那鬼靈精怪
賊頭賊腦的天使臉龐

我們瞬間就被療癒了
然後忘記

他是個帶著天使面具的
小惡魔

柚子與招弟在窗邊看鳥
2014/0120

柚子的宿命

後宮的眾貓們都是米克斯，也就是混種貓，經過好幾代的繁殖，米克斯貓咪通常
都個性穩定、身體健壯，這也就是為什麼阿瑪雖曾在外流浪好幾年，但如今身體
仍十分健康的原因吧！除了我們的細心照顧之外，想必有一部分原因也源自於那
強大的米克斯基因。

不過在後宮這些米克斯貓咪們之中，柚子的狀況是比較特別的，從他的毛色就可
以看出，他身上的紋路比較明顯，因為柚子爸爸就是一隻美國短毛貓，所以外型
上便多了一分美國短毛貓的影子，或許是因為這個原因，柚子從小抵抗力就比較
差，每次只要天氣劇烈變化，柚子就會先感冒，雖然經過休養之後都沒什麼大礙，
但不免讓人聯想到，這是否就是品種貓咪可愛背後，常見的辛苦之處呢？

每次看見平日裡活潑好動的調皮柚子，因為感冒而病懨懨的模樣，就覺得非常心
疼，心裡不免想像著，如果換成其他抵抗力更差，或是有嚴重遺傳疾病的品種貓
咪們，那些貓咪與奴才們該會有多辛苦啊！

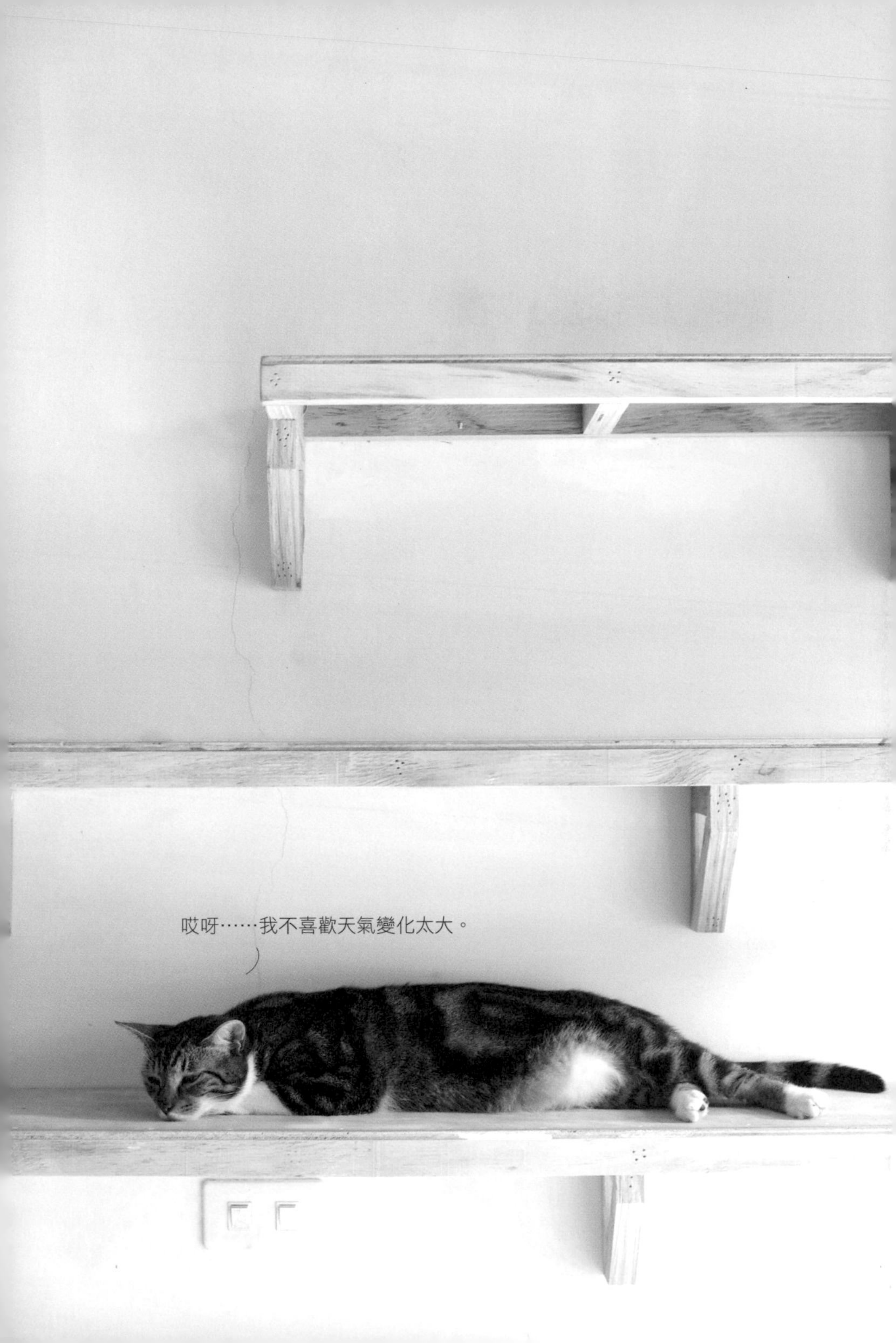
哎呀……我不喜歡天氣變化太大。

• 某寵物店二樓的惡劣繁殖場,積滿了灰塵與毛的鐵籠,關著不斷繁殖的種公種母。

（照片提供：林寶寶）

其實品種貓狗並沒有錯,養品種貓狗的人也沒錯,甚至在無知狀況下購買了貓狗的人,我們也無須責備他們,因為只要這些人都是真心愛動物,那麼那些被帶回家的生命就會有美好的未來。有人會問,難道還有人不知道要「領養代替購買」嗎?這麼重要的觀念竟然有人不了解嗎?沒錯,就算你我都早已把領養當作常識,但在很多人認知裡,是從未聽過這些觀念的,他們並非故意要購買寵物、助長黑心繁殖業者的氣焰,而是在他們的生活日常中,真的剛好從未有人告訴過他們非法繁殖場的惡劣與可怕。

所以我們能做的,就是時常分享相關的觀念,不論是在社群網站上,或是平時日常生活中多跟身邊的人宣導,常常我們會認為自己的力量很小而不去做,覺得少了自己的這分力量也不會有差,但是很有可能一個人一篇文章的分享,或是一次有耐心的日常談話,就能改變不只一人的觀念,進而拯救更多生命。

如果品種貓狗的可愛是人類製造出來的，那麼他們與生俱來的痛苦，也應該由人類負責，領養品種貓狗前請做足功課與一切準備，他們能給我們的愛與米克斯孩子們一樣多，但他們承受的辛苦卻需要更多的支持與陪伴。

後宮小貓們的生活導師

貓咪社會化的時間大概是 3 ～ 8 週，這段歲月對貓咪一生的影響非常重要，如果在這段時間裡很常接觸人類，而且有美好的記憶，那麼這隻貓這一生可能都會很親人，相反的，若是小時候有對人類恐怖的記憶，那就會造成他天生怕人、討厭人的性格。

在社會化時期，一起生活的同伴扮演了非常舉足輕重的角色，貓咪在學習過程中有很高的模仿能力，所以當一隻小貓進入一個貓咪社會，在他還一無所知時，他會觀察學習身邊的成貓們。通常面臨一隻新來的小貓時，原本的眾貓會至少一位被推派為小貓的生活導師。在後宮眾貓裡，入宮時是小貓的有招弟、柚子及浣腸，而當時帶領他們的生活導師分別是阿瑪帶招弟及柚子，而柚子負責帶浣腸。

所謂「生活導師」就是要協助小貓、教導新生活的一切規矩與技能。通常小貓來到後宮第一個要做的就是學習吃飯，這時候就可以看出誰是生活導師。生活導師在放飯時，會很明顯放慢腳步與速度，就算導師自己很餓也必須忍耐住，等小貓先吃導師才可以吃，這時候可以看出這個生活導師對這位新來的小朋友心中有沒有愛，有愛的就像阿瑪對招弟，或是柚子對浣腸，因為都是第一次擔任生活導師，也是第一次遇見小貓的到來，當時的阿瑪及柚子就像是剛當上爸爸及哥哥一樣，總是極有耐心，會靜靜等候小貓，絕不輕易責備，必要時還會適時給予甜頭鼓勵，像是親親抱抱之類的；若是沒有愛的狀況就像是阿瑪帶柚子，當時距離阿瑪帶招弟的時間已經過了好幾年，對小貓的新鮮感早已蕩然無存，又加上柚子是男孩……因此時常看到阿瑪對柚子表現出不耐煩，明明餓得要命，柚子還邊走邊玩不好好吃飯，影響到用餐時間，這點應該讓阿瑪很不開心。

• 2014 年與 2015 年，阿瑪與小貓們的合照。

招弟最近比較少黏著
朕了，長大了。

對阿瑪而言，照顧招弟跟照顧柚子的動機不太一樣。招弟就像是個童養媳，如
果好好照顧，等小女孩亭亭玉立長大成貓，就順理成章變成自己的皇后，但柚
子就不太一樣了，柚子是男生，現在不好好教，長大後可能會像嚕嚕一樣與自
己爭名奪利，所以他只需要教導柚子規矩，但就不必負責陪玩、打情罵俏之類
那些降低自己地位的事情。

柚子的童年就這樣在一個軍事化的教育體系下成長，每隻大貓都不苟言笑，對
他老是擺著一張臉，這也讓他遇到浣腸時特別開心，自告奮勇當他的生活導
師，並且下定決心要讓浣腸有美好愉快的童年，千萬不能讓自己的悲慘延續到
浣腸身上。

照顧小貓真的好累。

還好都不干我的事。

• 三腳是後宮的風紀股長,只有睡覺時是安靜的。

貓咪的社會化其實遠比人類想像的還要複雜,
通常在他們的社會裡都有一套固定運行的準
則,透過默默觀察,就可以更瞭解他們的想
法,若不是太嚴重的鬥毆械鬥或行為問題,
倒也無需涉入太多,就讓他們自己找到穩定
平衡的相處模式吧。

浣腸平常會跟著柚子
而柚子也會悄悄觀察浣腸
大概是想看他到底在玩什麼

走近才發現
浣腸只是在玩飄在空氣中的毛
一個柚子早已玩膩的東西
只能說
年輕真好

柚子與浣腸 ♡

雖說貓咪的模仿能力很強，很多小貓都會與他們的生活導師有著類似的個性或行為，像是招弟就學阿瑪不愛撒嬌，柚子學阿瑪愛講話，但在浣腸與柚子身上，反而看不太到這樣的關聯。

柚子天生外向活潑，是個勇於嘗試挑戰的公關貓，而從小跟隨柚子的浣腸，卻意外的發展出另一種截然不同的性格；浣腸膽小、敏感，而且做任何事都再三考慮、躊躇不前。記得浣腸剛入宮時，最愛跟柚子親近，那時奴才很難接近他，只要一靠近他就會想逃跑，所以當時奴才常會故意在浣腸面前與其他眾貓玩耍親近，本想後宮的眾貓咪都如此親人，浣腸在這樣的環境之下耳濡目染，應該個性上也會改變許多，沒想到結果不如預期。

• 時常在後宮裡玩你追我跑的雙人組合。

從小就開始玩在一起了
2015/0625

浣腸是有變得親人一些，但相較於其他貓還是天差地別，他只讓熟悉的奴才們碰，而且只能點到即止，不可太過熱情，完全無法像嚕嚕、柚子那樣敞開心房，面對奴才的積極主動，他還是會時時提醒自己要與人保持適當距離，剛開始奴才們有種受挫感，一種始終無法得到他的信任的感傷，但慢慢習慣之後，看到他開始偶爾會故意走到奴才面前，一邊假裝沒在看奴才，一邊緩慢接近；慢慢也開始會學阿瑪在門外大叫，雖然一幫他開門，他就像是失憶症發作，一副不知道自己為何站在門口似的倉皇跑走，種種舉動都說明著，浣腸也努力在學習著與奴才相處，也學會了信任。

其實還好當初浣腸入宮遇見了柚子，面對柚子的勇敢活潑，彷彿也帶給敏感脆弱的浣腸多了幾分安全感，柚子與浣腸從見面的第一天就玩在一起，整天形影不離，他們一起吃飯、睡覺、還一起玩耍，他們不只玩遍所有的逗貓棒及玩具，甚至還自己發明出許多玩法，把很多本來不是玩具的東西拿來玩，直到奴才發現時，通常都已是被玩壞的垃圾屍體。

移動速度非常快
常常弄倒許多東西

不過他們雖然玩在一起，浣腸卻比較像個小跟班，因為柚子無所畏懼，老是抬頭挺胸走在前頭，浣腸則是小心翼翼地跟在背後躡手躡腳。有時大膽的柚子會提議組成一個小屁孩游擊隊，與浣腸一起去鬧別的大貓，他們喜歡高速奔跑到別隻貓旁邊嚇貓，柚子的速度非常快，總會以迅雷不及掩耳的速度完成任務，但膽小的浣腸總會慢好幾拍，老是等到原本預計要被捉弄的貓，都已經轉頭瞪著浣腸了，他還畏畏縮縮不敢出手，直到浣腸赫然發現對方正在看著自己時，他才緊張的落荒而逃。

隨著浣腸漸漸長大成貓，他也開始有了自己的主見，從前因為太依賴柚子，不論做什麼事都老是跟著他，像是陪著在陽台邊看小鳥這件事，其實浣腸真的沒太大興趣，他很不懂為何柚子對此如此著迷，每天浪費美好光陰在那些看得到抓不到的鳥身上，對浣腸而言，真的一點都無法享受其中。所以一直以來，他們倆看小鳥的活動到最後都會只剩柚子一貓，浣腸剛開始會意思意思陪一下柚子，等到柚子已經完全凝視窗外入定之後，浣腸就會伺機而動，假裝要上廁所之類的藉口離開，這麼一來不會浪費自己太多時間，也不至於對柚子不好交代。

來……來……

？

借我抱一下！

！？

然而柚子對浣腸其實也有一些情感上的變化，剛開始因為從沒看過比自己小的貓，一想到終於要有玩伴了，就迫不及待與浣腸陷入愛河，展開每日如膠似漆的生活。一方面覺得浣腸是隻滿可愛的小貓，一方面又喜歡浣腸的聽話順從，讓自己得到了滿滿的優越感，好像一種自己可以當哥哥，可以獨當一面的感覺，但隨著日子一天天過去，新鮮感早已漸漸淡去，他開始懷疑，自己到底為什麼做任何事情都要等浣腸？他發現浣腸有時會害他打亂自己做事的計畫與節奏，就這樣，柚子開始嚮往回到還不認識浣腸時的生活，回到那個每天都在陽台邊想念小鳥姊姊的午后。

• 打打鬧鬧的日常生活，
  最近卻越來越少出現，
  可能是玩膩了？

於是柚子與浣腸這兩個孩子，一起度過了互相陪著的童年時光，一起各取所需，給了對方最珍貴的依靠，隨著青春期的來臨，在各自越來越成熟的此刻，他們也漸漸領悟出自己貓生的方向。

Z⋯⋯

Z⋯⋯

Z⋯⋯

• 開始用淺盤吃飯的浣腸

沒有人聽見的聲音！

浣腸生性緊張，這對他生活上最直接的影響，就是無法好好吃飯。有時他明明很餓，但放飯時，卻又緊張兮兮不敢向前，否則就是吃沒幾口就不停抬頭四處張望，最後總會一副隨時有人要暗算他似的嚇得落荒而逃，留下那些孤單寂寞空虛的飼料們。

針對浣腸的鬥雞眼，奴才幫他換了個碗盆，從原本與後宮貓咪們一樣有深度的碗，改成較淺的圓盤。這樣一來果然好多了，左右兩邊的眼角視野變得開闊許多，這讓他安心許多，也比較能夠專心吃飯。

不過換了碗盤之後，他還是很容易受到其他貓咪們的影響，這大概有點類似 Socles 的心態，每回聽見三腳放飯前的喧嘩吵鬧，總會讓他幼小脆弱的心靈矛盾再三，既想飽餐一頓，卻又擔心會被三腳波及，於是試著帶他進辦公室，讓他待在辦公室的桌子上，靜靜陪在他身旁，陪著他慢慢吃。

一箱浣腸 2016/1017

就這樣，浣腸在這裡用餐持續了一兩個月，雖然還是有些緊張，還是老樣子邊吃邊四處張望，以至於每次用餐時間都拉得好長，不過比起先前一被干擾就跑走的情況，只要願意乖乖吃完飯，就已經是很難得的改善。

但是好景不常，某天下午他一如往常在狸貓桌上用餐時，忽然像是被什麼聲音嚇到，全身瞬間彈跳了起來，還連帶把鍵盤滑鼠都抓落到地板上，緊接著以迅雷不及掩耳的速度衝出辦公室。大家面面相覷，驚恐到說不出話來，沒人知道剛剛發生了什麼事，也不懂浣腸到底是被什麼嚇到。

然而這件事就這樣變成了懸案，沒人知道在那個午后，辦公室裡究竟發生了什麼事？也沒人知道浣腸當時是聽見或看見了什麼？我們只知道從那天起，雖然浣腸還是會在門口等開門，但每當門一打開，他就又會像是回想起什麼噩夢似的微微顫抖，緊接著快速轉身離開。

難得跑到二樓的浣腸
2015/0711

後來某次，試著透過動物溝通師來了解這件事，所得到的答案是，浣腸當時聽到一個極為尖銳的聲音，而這聲音可能是電腦或其他電器發出的，屬於人類所無法聽到的音頻，而敏感多疑的浣腸當時確實被這聲音嚇壞了，之後也一直記著當下被嚇到的那種恐怖感受，就算他一直想克服障礙回到辦公室裡吃飯，但只要一打開門，只要踏進辦公室一步，他就會回想起當時那被嚇到跳起來的感覺，便會不自覺想要逃跑。

關於這件事始終無法查證，但透過浣腸的種種反應卻又覺得應該與事實相去不遠，不論真相為何，浣腸現在又回到外面，使用自己的淺盤用餐。不知是否因為這起事件對浣腸的震撼，或者也因為入宮時間越來越長，他好像也日漸放鬆了起來。俗話說：「不經一事，不長一智。」或許對浣腸來說，這起事件便是他目前貓生中，最難以忘懷的成年禮吧。

• 2016 年 11 月才敢再進來，但不會待太久。

我們聽不懂貓語
所以沒辦法聽他們訴苦
只能從他們的行為
猜測他們的想法

如果我們聽得懂貓話
應該會聽到很多抱怨吧

好想進去……

好想進去……

朕好想進去 Socles
的房間玩耍喔！

沒有我的允許，
誰都不准進來！

神祕的辦公室

後宮的貓咪們平時都可以自由活動，只要不
是走出大門，他們想走到哪就去哪，大抵上
沒什麼限制，不過其中有個空間算是禁區，
那就是現在 Socles 獨居的辦公室。

那辦公室一開始是所有貓咪都禁止進入的，
因為那裡面有很多電腦電線，再加上當時還
不確定每隻貓咪的個性，擔心他們在裡面搗
亂，所以保險起見，不讓他們進入。

第一次破例是因為阿瑪，原因當然是源自他那難以滿足的胃。阿瑪肚子餓時，就
會站在辦公室門口，對著裡面的奴才大叫，一開始裝作沒聽見，但阿瑪哪會這樣
簡單就放棄，他會一直叫，叫到奴才受不了，逼不得已才勉為其難的讓他進來吃
吃點心，沒想到他不只吃了點心，還訓練奴才跟他握手，以及展現他的撞頭功。
幾次後發現，阿瑪在辦公室裡時，除了吃點心，就是找個角落安靜的睡覺，至少
在奴才面前，他不太會搗亂東咬吸咬，這讓奴才稍稍放心，從此進辦公室就變成
阿瑪的特權。除了想吃點心之外，有時候阿瑪想自己一貓好好獨自休息時，他也
會想進辦公室，畢竟後宮貓咪們集體打鬧玩耍起來還滿吵的，這個辦公室對他來
說，可能算是一個難得讓耳根清靜的好地方。

在阿瑪開始有了特權之後，大家陸續開始注意到這個空間，才赫然發現：「為什麼之前我們都不能進去啊？」，「為什麼阿瑪可以進去而我不行？」於是大家開始輪流站在辦公室門口叫，爭相吵著要進去，越是不能進去，大家就越是對裡面好奇，越想要一探究竟，於是約定說好，一次讓一隻進來，奴才會在旁邊監控著，一旦他們做壞事，會給三次機會，如果屢勸不聽，就判定終生不得再進入辦公室，也不知道眾貓們有沒有聽懂，不過聽他們急促的叫聲與熱切的神情，想必是很贊同這項協議。

第一位進來的是柚子，一進門就開始瘋狂找電線咬，短短五分鐘就超過三次違規，直接 Out！柚子喪失進辦公室資格！第二位是嚕嚕，在門口裝得很可憐，用很悲情的神情及語氣要進來，還說他很想奴才，想一直跟奴才們膩在一起，結果一放進來就開始到處找塑膠咬，而且屢勸不聽，奴才只好再次心痛的判定他失去進辦公室的資格。

我只是進去睡覺而已……

後來持續了好一陣子，除了阿瑪偶爾得到許可之外，不敢再讓貓咪進辦公室，直到 Socles 因感冒而開啟了辦公室獨居生活，辦公室才算是正式有貓咪入住。Socles 入住後，阿瑪仍然時常進辦公室，但阿瑪很聰明，他明白在這房間裡，就只能吃吃點心、休息睡覺，絕不可以追 Socles。

至於三腳及浣腸，看到 Socles 在裡面之後，也點燃了他們想進辦公室的渴望，不過因為多了 Socles 在裡頭，所以能否進辦公室的資格判定標準又多了一條，那就是無論如何都不可以追 Socles，三腳順利通過了測驗，獲得了許可證，但不知是否因三腳日漸發福的體態，有時 Socles 看見剛進門的三腳，就會像對阿瑪那樣對著她大叫，還好三腳並無多加理會。

而浣腸仍然秉持著他一貫的風格，既好奇又膽小，眼看大家都先後進入過辦公室，當然也想一探究竟，凡事小心翼翼的他，很順利獲得了進入許可，他在裡面通常只是為了吃頓飯，吃完便又緊張兮兮的逃出門外，直到那次發生「沒人聽見的聲音事件」之後，浣腸就再也不敢進辦公室了，到現在還是很想確切知道當天到底發生什麼事，即使浣腸仍會在門口叫，也很想進辦公室，但每次只要一開門，他就好像想到什麼恐怖的事似的慌忙逃走，實在讓人猜不透。

呼嚕呼嚕……

我常常把三腳認成阿瑪……

• Socles 勉強願意跟三腳共處一室。

最後說到皇后招弟，她是後宮眾貓之中，唯一一位從頭至尾都不曾對辦公室感興趣的貓，她幾乎沒進過辦公室，也不曾在門口叫。招弟的個性就是那樣隨和不強求，大家要她怎樣她就可以怎樣，既然那扇門關上了，她也就不會勉強奴才打開它，奴才沒主動給她的，她多半也不會爭著討要。雖然有時覺得招弟這樣的個性也未免有些冷淡無情，但或許正因為招弟的無欲無求，才能贏得阿瑪的垂憐關愛。

噩夢 *nightmare*
事件簿

你以為貓咪
只有療癒
跟可愛嗎

如果是
那你就大錯特錯

貓咪會用著
可愛的臉龐
做出魔鬼般的事情

而這些事情
都將成為你人生中
最難以忘記的
噩夢

TOP SECRET

CONFIDENTIAL

嫌疑犯：柚子、嚕嚕
受害者：飲水機、志銘

事件 1　飲水機尿尿之亂

對貓奴們來說，主子亂尿尿這種小事，應該算是見怪不怪，尤其是像後宮這樣的多貓家庭，偶爾在不該出現尿的地方發現一兩泡，也都是意料之中。

後宮的貓咪們雖然都早已學會使用貓砂盆，不過偶爾還是會因為各種原因而隨性亂尿，其中有一種狀況是，每當我們出遠門工作一陣子回來之後，就一定會有貓咪疑似想要教訓我們而故意鬧事。平常除了我和狸貓，工作室還有其他同事會一同照顧貓咪們，就算我們出國工作時，也一定都有人伺候著貓咪，可是很奇妙的是，只要我們出門在外時，貓咪們就都會乖乖的，不亂尿尿也不會搗亂，但在我們回國的當天或是隔天，就會很湊巧的發生嚴重慘案。

某次我們出國將近兩週後，當晚一回工作室，覺得酷熱難耐，我迫不及待拿出水杯裝滿水，當我大口咕嚕喝下時，突然一股熟悉的氣味向我襲來，不到一秒我就發現那味道是從我身體裡散開來的，那濃得化不開、讓我接近崩潰的，正是我剛剛喝下去的那杯水，是一杯被貓尿滲透稀釋的尿尿水。

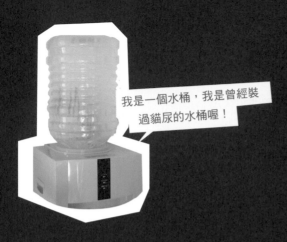

我是一個水桶，我是曾經裝過貓尿的水桶喔！

喝下那口尿尿水的瞬間，我奔向浴室洗手台吐出，腦海裡開始猜想這究竟是誰幹的好事，一邊持續在洗手台邊噁心作嘔，一邊迅速在腦海裡細想每隻貓的犯罪可能性及動機，用刪除法去除掉不可能的貓咪，最後的嫌疑犯候選貓就只剩下嚕嚕及柚子。

在飲水機上尿尿可不是一般的事情，這不僅需要創意，更需要體力，而他們兩位剛好都很擅長開發新的亂尿地點。柚子較多是隨機挑選，而嚕嚕比較常因為被別貓逼到無路可退時，只能在角落尿，照理說隨機挑選的柚子應該不會那麼找自己麻煩，爬到一個很難伸展的地方亂尿，而嚕嚕的亂尿地點比較不是他自己所能控制，再加上嚕嚕恰巧曾在飲水機底下的櫃子邊尿過，因此我們合理懷疑犯貓是嚕嚕。

在那天之後，我看到嚕嚕總會想起他的尿，一想到嚕嚕的尿在我的身體裡、全身血液裡流動著，我就幸福到好想哭。幾個月後嚕嚕生病期間，我們找來動物溝通師溝通時，隨口詢問了當初的飲水機尿尿事件，她卻表示：「浣腸說：『是柚子尿在飲水機裡的唷！』」聽了瞬間有一種「原來是這樣啊」的感覺，雖然只是當參考，但還是忍不住想像起柚子跳到飲水機上的畫面，配上那鬼靈精怪的表情，可以說是一點也不違和。然而不論是誰，我都喝了那口尿，都經歷了一般貓奴無

嫌疑貓 - 浣腸

已經收起來的
掃地機器人

嫌疑犯：浣腸、柚子、嚕嚕
受害者：掃地機器人、奴才們

 失控的掃地機器人

某天傍晚走出辦公室門口，貓咪們都在客廳，一副天真無邪奔跑嬉鬧玩耍著，但我們總覺得哪裡怪怪的，一開始覺得不對勁，就是源自於那貓咪們不平凡的、詭異的、異常的、亢奮的狀態，雖然他們常常在晚上打鬧，但那天總覺得，他們的表情異於平常。

明明沒吃貓草，為什麼這麼興奮呢？「你們到底做了什麼？」我皺著眉頭問。
當然，沒有貓回答。

後來，我們漸漸察覺出詭異的線索。貓砂明明下午才清的，空氣中卻飄著一股濃濃貓尿味，直覺就想到應該是又有貓尿在沙發上了，但是沒有。同一時間，又發現掃地機器人正在自動掃除著，嗯？不對啊，沒有人按「開始掃除按鈕」啊？噢，難道是浣腸，他老愛去玩掃地機器人，沒事就會跑到上面站著，然後又總會被忽然移動的掃地機器人嚇跑。

但是，問題來了，為什麼地上都是濕濕的，是誰剛從浴室出來嗎？但浴室裡地板是乾的，沒有任何人使用過。於是我帶著不安的預感蹲了下來，伸手摸了那些散布在木頭地板上的不明液體……

嫌疑貓 - 柚子

我們走，一起把屎屎傳送到整個後宮吧！

尿

屎

「啊！是尿……是尿啦！」我環顧了一下整個客廳。
「啊啊啊！是尿！全部都是尿！是誰？」

迅速飛到掃地機器人旁邊按下「停止掃除按鈕」，但為時已晚，掃地機器人身上也都是尿，突然覺得心涼涼的，整個地板都是濕的，掃地機器人也是濕的，桌角也是濕的，貓咪們聽到我絕望的慘叫聲，他們更興奮的繼續奔跑著，嚕嚕的腳是濕的，柚子的腳也是濕的，浣腸的腳也都是濕的，然後他們踩上沙發、跑過桌子、跑上樓梯、再跑下樓梯，一直跑來跑去跑來跑去跑來跑去跑來跑去跑來跑去，把尿從樓下帶到樓上，從木頭地板帶到地毯上……

後來已經忘了我們是怎麼清乾淨的，或許，也始終沒有真的清乾淨吧。

稍稍冷靜過後，我們用平靜理性的心情，分析猜測這案發現場到底是怎麼造成的，雖然沒有證據顯示到底是誰的尿，但若以貓咪過往的習慣來判斷，一開始應該是嚕嚕先尿在掃地機器人前方的地板上，接著，浣腸又剛好正在玩弄掃地機器人，還不偏不倚按下了「開始掃除按鈕」，機器人便很自然的從嚕嚕的尿上面滑過，帶著嚕嚕的尿一起打掃了起來，嚕嚕的尿就因此被擴散在整個客廳，空氣中瞬間充滿嚕嚕的尿味，嚕嚕更因此極度興奮的跑來跑去，而其他貓更因為聞到嚕嚕的尿，而變得情緒異常激動，也開始跟著跑來跑去。

工作中的掃地機器人

這台掃地機器人怎麼會把朕的後宮越掃越臭？

現在，那台掃地機器人的身上仍然帶著淡淡的尿味，而那一天的情景與氣味，仍在我們腦海裡久久揮散不去。我想，那台掃地機器人肯定無法預料，自己除了幸運來到後宮，還能如此榮幸被貓尿臨幸，別的掃地機器人一輩子就只能淪為替人打掃的工具，每日辛苦工作，但他可不同，有了貓尿的加持（而且還是帥貓嚕嚕的尿），從今往後，它就只需要被供奉著，不用再與貓咪們共處一室，飽受欺凌，更不會有人要它辛勤打掃。一台原本平凡無奇的掃地機器人，遇到了生命中的貴貓之後，搖身一變成為掃地機器貴婦少奶奶，這故事讓我們知道，無論自己出身為何，切勿妄自菲薄，只要持續努力不懈，自己總有一天能成功，成為與眾不同的那台掃地機器人。

尿布 ●

犯罪貓 - 浣腸 ●

被害沙發 ●

犯罪貓 - 柚子 ●

嫌疑犯：浣腸、柚子、嚕嚕、阿瑪
受害者：沙發、奴才們、奴才的客人們

CONFIDENTIAL

事件 3 沙發尿尿大流行

先來聊聊後宮貓咪們亂尿尿的發展史，阿瑪以前曾因未結紮而發情亂尿；三腳則是在剛到後宮時，因不習慣貓砂盆而亂尿；嚕嚕當初則是因遭受眾貓排擠，不敢到貓砂盆而隨地亂尿。不過這些問題的根本被解決之後，就很少再有貓咪亂尿尿了，然而這一切風平浪靜的美好景象，在浣腸入宮之後，就漸漸產生了變化。

這必須回頭談起柚子，當年柚子入宮時，我們在他五個多月大時，就帶去醫院結紮，後來總覺得，柚子的骨架比起一般公貓來得嬌小些，因此，我們一直懷疑，當時是不是太早帶柚子去結紮了，導致他有點發育不良呢？

所以浣腸入宮後，我們一直給他非常充足的營養，也一直記得「不要讓他太早結紮」這件事，但沒想到浣腸才四個多月大時，就首次在沙發上亂尿尿，起初我們還不知犯貓是誰，直到接連幾次後，我們親眼看到浣腸亂尿，才驚覺他已經六個月大了。

健忘貓 - 嚕嚕

犯罪貓 - 阿瑪

• 嚕嚕雖然會尿沙發，也會睡沙發，真是健忘。（左嚕嚕，右阿瑪）

但當時我們仍一直想著「柚子因為太早結紮而發育不良」這件事，因此竟有一種奇怪的念頭：「為了浣腸的發育著想，我們就多忍耐幾次他亂尿尿吧！」這個愚蠢的意見竟然被大家所接受，我們為了想讓浣腸長得健壯一點，而無視他開始亂尿尿的狀況。就這樣，我們看著浣腸因為發情而到處亂尿尿，而且漸漸有一種越尿越多的趨勢，直到發現亂尿的已經不只是浣腸了，才驚覺到事情的嚴重性，後宮的所有公貓都受到了浣腸尿味的影響，全體動員加入了亂尿尿的大流行。

貓咪對氣味是非常敏感的，大家聞到了浣腸的氣味，因此感到不安或者是興奮，就會想要用自己的味道掩蓋過去，或許他們自己也不清楚自己為什麼要這樣做，但正因為他們不懂，所以要改善這些行為才更是難上加難。

浣腸結紮後，原以為大家亂尿的狀況可以完全改善，但可能因為時間拖久了，大家亂尿的現象雖然少了一些，卻莫名的集中在沙發上，而且柚子還養成了習慣，對他來說，尿在沙發上已經成為一種選擇，只要他想要，他就可以這麼做，其他貓也變得很容易受到影響而跟著亂尿。

目前沙發成了後宮的尿尿區之一，所以我們在上面擺放了寵物尿布，清理起來就會方便了許多，雖然仍在努力找尋各種方法改善，但實在不確定何時才能成功，既然短時間無法立刻改變他們，那就先讓我們來配合他們吧。

順帶一提，後來詢問過醫師，柚子之所以長得較嬌小，應該跟結紮時間無關，反而這個結紮年紀其實滿剛好的，而且我們會覺得他嬌小，是因為拿他跟阿瑪比，這有點不公平，其實柚子也算是正常體型喔！

換了礦砂之後，浣腸馬上窩到裡面坐著，真令人哭笑不得。

這個砂的質感很不錯，讓我想睡在這裡面。

CASE SOLVED

噩夢的後續發展

貓咪亂尿尿的問題，始終是許多貓奴的困擾，而後宮流行已久的噩夢，也是我們持續想找出原因解決的頭號難題。在後宮建立的最初期，所有貓咪都是使用礦砂，當時大家雖然都使用得挺習慣的，卻仍時不時有貓咪亂尿的跡象，後來又考慮到礦砂較容易有粉塵也較難清理，所以循序漸進地更換成了紙砂、木屑砂等顆粒較大的貓砂。

起初剛換砂時，後宮亂尿尿的狀況曾好轉過一陣子，其中還有幾隻貓咪特別喜歡這種大顆粒的貓砂，不過持續了一陣子，卻又回到了各式各樣亂尿尿的戲碼，我們曾試著換回礦砂，但仍舊沒有改善，因考慮到粉塵及清潔難易度，又換回了大顆粒貓砂，而亂尿尿的噩夢就這樣一直持續著，始終無法解決。

直到最近（本書截稿前），我們試著把其中一盆砂盆改裝入礦砂，其餘則保留原本的紙砂及木屑砂，沒想到這樣的調整，竟意外的有了效果，尿布先生總算可以跟掃地機器貴婦少奶奶一同退休享福了。正如我們之前所猜測的，礦砂及原本的大顆粒貓砂，在後宮眾貓裡都各自有愛用者，有些貓堅持要在礦砂上廁所，有些則是恰恰相反，非紙砂、木屑砂不用。我們因為貪圖方便而使用同一種貓砂，卻忽略了他們各自的選擇及喜好，身為主子的他們，就只好用堅定不移的固執，來讓我們學會什麼叫做「服從」了。

生命的轉折

生老病死是世上萬物
都得面對的課題

透過他們
我們看見生命的脆弱
卻也感受到生命的堅韌

有些生命
拚了命活了下來

有些生命
卻只能永遠停在我們記憶裡

他們告訴人類
生命真的很珍貴

他們不只是動物
而是教導我們的導師

謝謝他們

◀ 病情爆發的前幾天,絲毫看不出徵兆。

與病魔奮鬥的嚕嚕

2016 年四月初的某日,嚕嚕因不明原因沒了食欲,並且持續嘔吐,經過觀察,不但狀況沒好轉,反而越來越差,我們便馬上帶嚕嚕去醫院檢查。初步血檢一切正常,排除了腫瘤、腎臟病、腹膜炎、胰臟炎、貓瘟的可能性,不過 X 光片上卻發現腸子糾結成一團,回想起平常嚕嚕有咬塑膠的習慣,就算我們早已把工作室裡的塑膠袋都藏起來了,偶爾他還是可以翻得出來咬,服用腸胃蠕動促進劑及止吐藥後,嚕嚕的狀況仍未好轉,因此醫生決定進一步開刀處理。

原以為嚕嚕是誤食了塑膠袋,但開刀後發現並沒有異物在其中,腸子卻不知為何糾結在一塊,且幾乎沒有蠕動的現象,腸道顏色則是有一部分偏白,醫師把腸子稍做清洗並弄整齊,除了打止吐針外,並幫嚕嚕裝了食道餵食管,方便幫他灌食。

之後的幾天狀況都不太好,嚕嚕一樣持續嘔吐不肯進食,而食道餵食管也因為適應不良被他吐出,改用針筒灌食,但這樣的效果仍很不好,因為噁心的反應持續,所以任何一點刺激都會讓嚕嚕嚴重嘔吐。

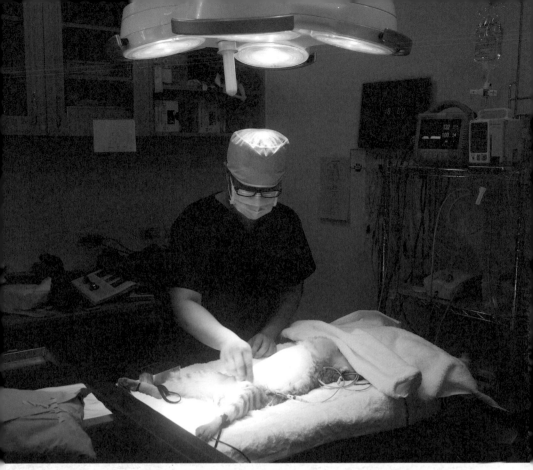

▲ 2016/0406 透過手術房的觀景窗，看著第一次動大手術的嚕嚕。

▲ 嚕嚕躺在病床上，即將動手術（監視器畫面）。

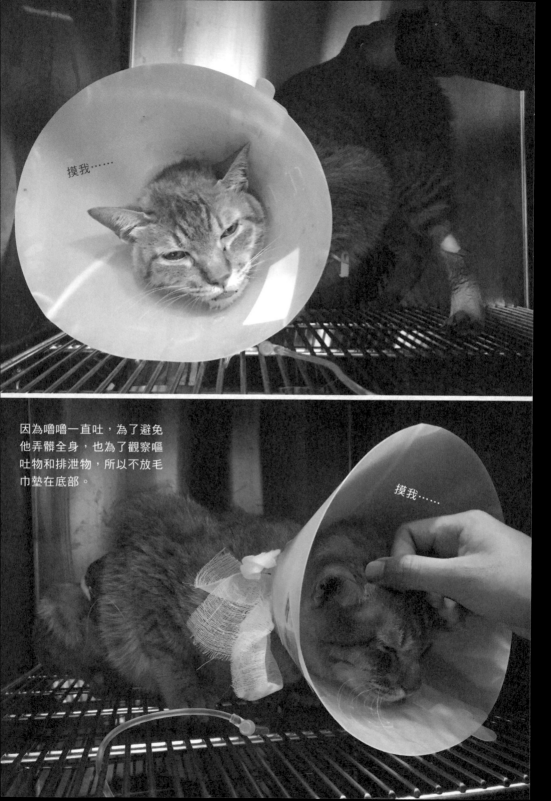

摸我……

因為嚕嚕一直吐，為了避免
他弄髒全身，也為了觀察嘔
吐物和排泄物，所以不放毛
巾墊在底部。

摸我……

2016/0409 二次手術，裝入空腸管。

生病的嚕嚕依然非常喜歡人，還是一樣愛撒嬌，只要聽到我們的聲音就很有反應，一叫他的名字，就算是剛嘔吐完，或是再怎麼不舒服，他都會努力應答，努力靠在籠子邊磨籠子、甚至抬高屁股討摸，好幾天沒進食又因經歷手術而全身無力的嚕嚕，卻仍然表現出這樣強大的生命力，更讓我們一分一秒都不捨得離開，我們總是從早醫院開門直到晚上休診，全天候陪著嚕嚕，聽他說想說的話。那時的我們總期待奇蹟發生，嚕嚕會突然生龍活虎的好起來，對照眼前連站起來都沒力氣的嚕嚕，我們好懷念他剪指甲時的兇狠和亂尿尿時的調皮。

因為食道餵食管被吐出，且嚕嚕仍持續嘔吐不進食，所以不得不再做一次手術，直接在嚕嚕體內腸道裝空腸管，這樣就可以直接從空腸管給予營養及藥物。

143

小小的空腸管。

嚕嚕沒有食欲，所以必須裝空腸管，直接導
入流質食物給他補充營養，而一直流口水是
因為有噁心感。

● 手術結束，保暖中。

其實這手術對嚕嚕來說算是個賭注，畢竟他才剛手術完，而且身體很虛弱，本來一度討論過，也許可以再裝一次食道餵食管，直接用上次的同樣位置，就不必開刀也不會增加腸道的傷口，但那對嚕嚕將會是更大的賭注，萬一從食道餵食管進去的食物又全吐出來（機率很大），那嚕嚕吸收到營養的時間又要延後，這樣一來體力一定更耗弱，到時要再麻醉裝空腸管，一定比此刻更有風險、更容易撐不過。兩難之中我們選擇相較之下比較好的方式，直接幫嚕嚕裝空腸管。

手術結束後，嚕嚕順利甦醒，不過更艱難的，是要面對那分不安與恐懼，我們的恐懼來自我們的無知，因為對於嚕嚕的狀況一無所知，對許多疾病更是沒什麼概念，醫生幫嚕嚕開的藥，還有所說的專有名詞我們都沒聽過，於是我們想，若能搞懂這些，至少有一些基礎概念，知道這些藥可能會有什麼幫助，若是這藥無效，下一步又準備如何更改治療方式？如果我們能多懂一些，是不是就不會那麼不安？所以在那段期間，除了醫生每天主動更新嚕嚕的每日狀況及治療方向之外，我們也試著查詢書籍及網路上的資料，一方面越來越瞭解嚕嚕的身體，一方面也更明白醫師的治療方向，這讓我們的不安減少許多。

● 不斷嘔吐的嚕嚕。

● 朋友替嚕嚕求
的平安符，非常
感謝。

裝了空腸管之後，所有營養及藥物都可以確保送進嚕嚕的腸道裡，可能因為這個緣故，持續幾天之後，嚕嚕的精神變好了一些。不過體力雖然稍微恢復，病徵卻仍然持續著，嚕嚕還是不吃不喝，一樣持續嘔吐，雖然一直用支持療法撐著他的身體，但是讓嚕嚕止吐及有食慾才是最重要的事。

在這段時間裡，我們將嚕嚕的病情放到粉絲團上，讓關心嚕嚕的朋友能知道最新狀況，另一方面也希望能有得到資訊協助的可能。我們收到非常多的鼓勵以及熱心的建議，但畢竟沒有看到嚕嚕本貓，其他網路上的醫師也很難做出判斷。沒有人有一絲絲想要放棄嚕嚕的念頭，從頭至尾我們都相信他會平安回家，好在醫師們也非常積極在努力著，後期還試著加入中醫針灸及中藥的治療。

大約住院半個月左右的某天，嚕嚕突然喝水及吃食物，大家都欣喜若狂，不知道是不是他真的太餓了，所以忍住不舒服的感覺硬吃，結果才吃完沒多久就全部吐出，可能因為噁心感加乘的作用，使得嚕嚕吐得更加劇烈，自那天之後，嚕嚕又開始不吃東西，大家又回到一籌莫展的狀態。

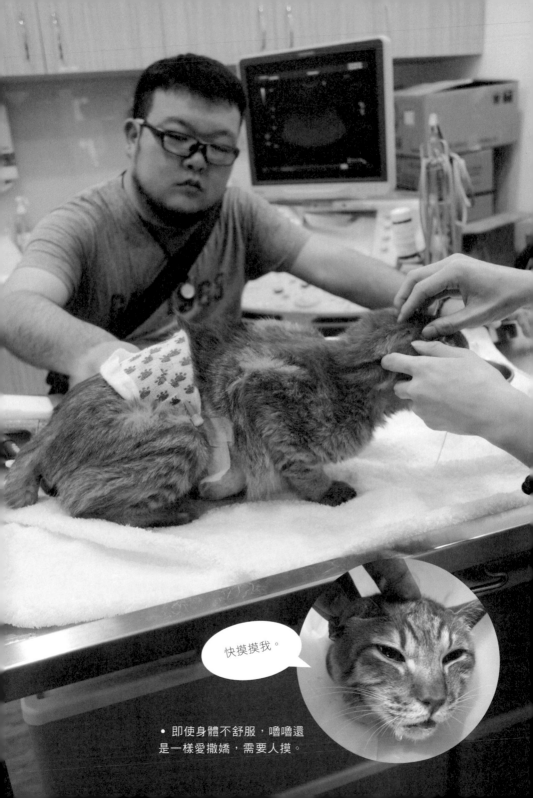

快摸摸我。

• 即使身體不舒服，嚕嚕還
是一樣愛撒嬌，需要人摸。

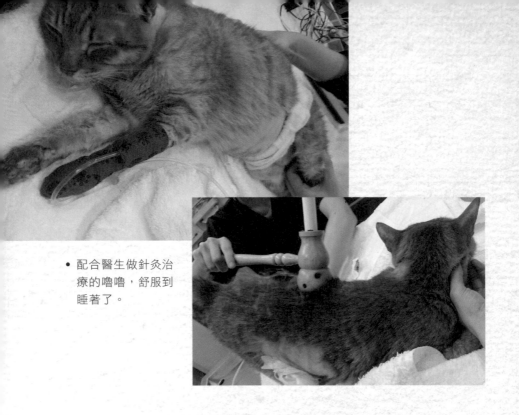

- 配合醫生做針灸治
  療的嚕嚕,舒服到
  睡著了。

持續了好多天中西醫並行的治療,嚕嚕除了精神更好,腸胃蠕動速度也好轉許
多,雖然仍沒有食欲,但嘔吐狀況還算有改善,從一天吐三次以上到只剩一次,
而且吐的量也越來越少,但畢竟嚕嚕還是會因為受到刺激就嘔吐,表示他的胃
仍然有發炎反應,還有待解決。

經歷一連串漫長的治療,與醫師反覆討論之後,決定讓嚕嚕使用一種類固醇藥
物,而這種藥物其實最初就曾使用過,只是可能當時嚕嚕的發炎反應太嚴重,
無法發揮藥效,另一方面是因為嚕嚕當時剛動完手術,而此種藥物有一種副作
用的可能就是影響傷口癒合,所以當時經過評估之後決定停藥。

經過了連續幾週的努力,在嚕嚕精神及腸道蠕動狀況改善之後,醫師決定再次
給嚕嚕嘗試這藥物,沒想到這次服藥的隔天嚕嚕就有了很明顯的好轉,開始大
口吃食物,也幾乎不再嘔吐,持續了幾天之後,嚕嚕開始恢復了以往的精神與
體力,也在住院一個月後,順利康復出院。

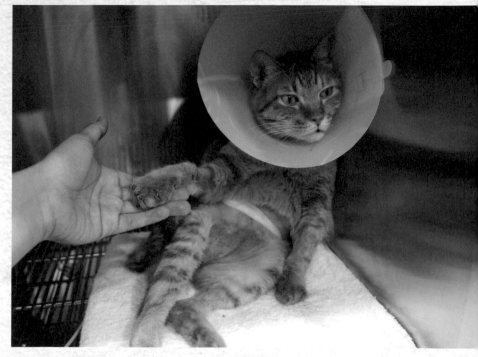

▲ 不管什麼時候，都會撒嬌，還會配合握手。

然而在嚕嚕住院的一個多月裡，所有手術治療及住院費用總和高達六位數字，這筆金額雖然可觀，但好在我們一直以來都實行著「後宮貓咪醫療基金」的計畫。

每隻貓咪打從一入宮的那天，我們就會為他們各別儲存醫療基金，依據自己能力，從每月所得中抽出部分每月定期存入，年月累積後，就是一筆不少的醫療補助費用，也因為這些準備，所以在這種突發的緊急狀況，我們只需要專心陪著嚕嚕，聽從醫生建議，給予他最適切的治療及藥物，而不必在這關鍵時刻，還要為了醫藥費奔波求助，甚至因此放棄治療的機會。

寵物的花費中最容易被忽視的就是醫療費，但偏偏在他們生命中，這卻是「能不能活下去」最重要的關鍵，希望嚕嚕的故事能提醒更多人，即時替家裡的主子做好相關的準備，千萬別等到狀況發生時，才手足無措一籌莫展。

呵～呵～

看在你剛出院，先不跟你計較。

即將出院的嚕嚕，一臉不知道在驕傲什麼的表情。
2016/0529

要出院啦？
謝謝醫生！

出院後的嚕嚕，在個性上轉變了許多，本來就親人的他，可能因有過瀕臨死亡的感受，或是在生病期間感受到我們每天給他的陪伴與鼓勵，嚕嚕變得很逆來順受，也更珍惜信任我們，就連以前始終無法幫他做的餵藥及剪指甲都變得容易許多。

在與後宮貓咪的相處上也開啟了一個新的局面，嚕嚕消失了一個多月，而這段時間嚕嚕身上的氣味已經全部改變，所以出院後的嚕嚕，對後宮來說就像是一隻新貓，再加上大家好像看得出嚕嚕的身體較為虛弱，對他態度和善很多。而對嚕嚕來說，在後宮待這麼多年的時間，又加上生了一場大病，已經不是當年那個不曾見過貓、社會化不足又有點白目的成年公貓了。再次回到後宮的他，不再主動挑釁阿瑪，對三腳的叫囂也不回嘴，面對一切都變得更淡然，而也因為如此，與大家的相處模式變得更和平了。

▲ 嚕嚕現在已經康復了，精神都回來了！

因為這場大病，讓我們對生命有了很深的體悟，在嚕嚕住院一個月的期間裡，醫師不只一次提醒我們，要有「可能會失去嚕嚕」的心理準備。我們才驚覺到，生命如此脆弱，若是嚕嚕就這樣離開，那我們該會有多遺憾？我們還有好多事情沒幫貓咪們做，如果嚕嚕來不及享受到，不是很可惜嗎？

多年前我們就好羨慕有安裝很多貓咪跳板的房子，感覺貓咪生活在裡面一定會開心許多，我們想，若是嚕嚕能夠順利康復，我們想讓他一回後宮就有嶄新的感受，於是開始研究並著手設計，再請木工來施工，完成了夢想許久的貓咪跳板。

整個過程其實花不了太多時間，那為什麼會拖這麼久才做呢？其實後宮的房子是租來的，雖然一開始房東就應允過我們可以自由裝修，但畢竟房子不是我們的，總覺得若是將來有天要搬走，這些東西帶不走，何必要急著現在做呢？不過這次嚕嚕生病，讓我們再次感受到，毛小孩的生命相較於我們是那樣短暫，我們可以有很多年的時間等搬家，但他們又能等多久呢？等得到我們下次的搬家嗎？

仔細回頭看來，嚕嚕這場大病，讓他飽受了病痛折磨，也讓我們經歷像噩夢般的煎熬不捨，這不但是我們生命中共同的考驗，更是讓我們學會珍惜彼此的重要課題。

嚕嚕的病因可能是 IBD 或是非常嚴重的腸胃炎，但因為當時的嚕嚕十分虛弱，所以與醫師們討論過後，決定直接針對病徵來調整治療方式，而沒有在腸道上做多點切片來確定病因。

IBD：（Inflammatory Bowel Disease；炎症性腸病）

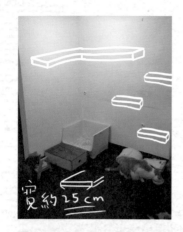

寬約25cm

小小願望的實現

我們把後宮裡適合安裝跳板的區域，先用電腦繪製出設計草圖，再用這些圖跟木工師傅溝通。方型木板（非長型）的尺寸為長 30 公分，寬 25 公分、厚度 5 公分，下面皆有加三角型木塊來支撐重量，但實際使用後，其實寬度可以再更寬些，可以讓一些體型比較寬敞的貓（例如阿瑪或三腳），走起來可以更快速、順暢喔。

櫃子会移走 →

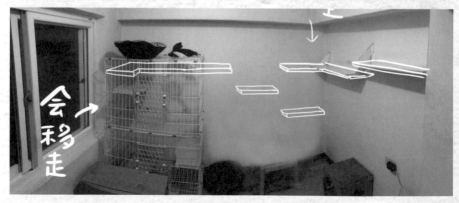

会移走 →

• 各區域簡易分布圖，木工師傅還是有給予建議且微調。

方形木板

• 分別在一樓跟二樓裝訂了貓跳台，只是二樓他們現在很少用。

before　　　　　　　after

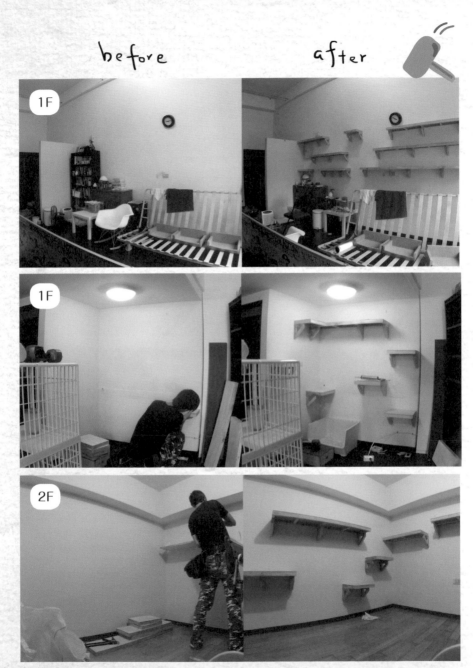

- 怕施工聲音影響貓咪，所以施工當天，我們讓後宮們去朋友家住宿。

嚕嚕回來了
從鬼門關前走了一趟

與過去不同的是
我們更懂得珍惜
與彼此相處的時間

並且深深體會到
健康很重要
金錢更是無法缺少
毛小孩的醫療費真的不便宜啊

▲ 志銘走到平常不會走的地方，遇到小黑。
◄ 非常親人，但某種程度上來說也很危險。

去醫院前暫住一晚的住所
2016/0825

愛滋貓 - 寶可夢小黑

2016 年 8 月，風靡全球的手機遊戲「寶可夢」正式在台灣開放下載，而就在當晚，
玩著遊戲的我們，在路上遇見了小黑。初次見面是在某個社區旁的廣場，小黑獨自坐
著像在沉思些什麼，待在遠處直楞楞望著我們，本以為他大概如同多數浪貓那樣怕人，
沒想到我們靠近之後，他卻絲毫不緊張，不但沒有逃走，還奔向我們而來。

「原來是隻親人的小黑貓啊！」我們才剛蹲下身子，他就馬上倒地摩蹭、討摸撒嬌，
一伸出手撫摸他，他就不斷以呼嚕聲回應我們的熱情。看著他親人撒嬌的模樣，讓我
們決定停下腳步，在路邊石椅坐了下來，邊聊天邊摸摸他，開始想像著他是從哪裡來
的呢？是本來就在這附近的浪貓嗎？這麼親人的貓咪若是遇見壞人，他能懂得如何保
護自己嗎？

因為當時還要前往別的去處，又加上身上沒帶著外出提籠，只能暫時離開，並叮嚀著
小黑要好好照顧自己，心裡暗自打算著，這麼親人的貓咪實在不適合在外流浪，應該
儘快幫他找家才是。

隔天一整天都在外地工作，但心裡卻一直想著前一晚遇見的小黑，一直在擔心著，不
知道他有沒有好好的，那社區的住戶是對他友善的嗎？他會是不小心走失的貓咪嗎？
種種猜想都在腦中不斷浮現，越想越是擔心。

想起當年社區小花留給我們的遺憾，還有這一兩年層出不窮的親人浪貓遭虐殺事件，我知道我們能為小黑做、且該為小黑做的是什麼。當時親人的小花最讓人不捨的便是，她明明那樣愛人，卻始終沒有人能給她一個遮風避雨的家，當時小花死去時，我們那樣痛苦懊悔，也喚不回昔日活潑健康的她，如今更親人的小黑出現在我的眼前，我們又怎能坐視不管呢？

工作結束的隔天，我們一大早就帶著外出籠，回到小黑出沒的那個地方，可是等了好久，小黑都沒有出現，之後同一天內，又陸續去查探了幾回，也都不見其蹤影，直到晚上十點多，心想幾天前也是在深夜遇見他，不如再回去尋找看看，而這一次，總算看見小黑出現在同個位置，而且似乎記得我們似的，迅速跑到我們身邊撒嬌。

• 對誰都可以撒嬌，可摸可抱，來者不拒。

看到小黑出現後，我們討論著應該如何把他放進外出籠內，有些親人的貓咪雖然不怕人，卻很怕進籠子，我們一邊討論誘捕方法，一邊將外出籠放在小黑面前，沒想到小黑默默的自己走進去，我們面面相覷，驚訝到說不出話來，但同時以迅雷不及掩耳的速度把外出籠鎖上，小黑就這樣被我們輕鬆誘捕了。

誘捕小黑後，首先將他送到醫院，做基本的血液及傳染病等各項檢查，這才發現小黑有貓愛滋。貓愛滋並不可怕，也不會傳染給人類，但要避免與健康貓咪一起生活，這也讓我們打斷了想讓小黑進後宮的念頭。我們將小黑的送養資訊放到粉絲專頁上，希望能為小黑找一個幸福的家，就在這時，我們得知原來小黑是從小就生活在該社區的流浪貓，一直以來都有鄰居愛媽固定餵養著，然而其中的陳媽媽更是從小黑還是幼貓時，便開始照顧他一路長大，直到現在已經把他當做自己生命的一部分那樣疼愛呵護。

- 左圖內為小花和大大健（小花於後宮交換日記內曾提及），右圖內為後宮七隻貓。
- 這兩款貼紙，會在奴才出席的場合免費發送。

聯繫上我們的是另一位林小姐，也同樣持續餵養著小黑很長一段時間，當時帶她們去醫院探望小黑時，陳媽媽表示自己這幾天都吃不下睡不好，每日提心吊膽著不知道小黑跑去哪裡了，很擔心他挨餓，更擔心他是遇到壞人，直到確認是我們帶走小黑，才總算鬆一口氣。

雖然陳媽媽嘴裡沒說，我相信她心裡難免會有些怨言，為什麼我們要把小黑帶走呢？難道讓他繼續留在社區陪著大家不好嗎？小黑在外面自由這麼久了，如今要被關在一個房子裡面，難道不會很可憐嗎？這個社區的大家都對流浪動物很友善，這麼多年來小黑也都過得很好，大家都很喜歡他，不是嗎？而且小黑懂得避開危險，從來就不會隨便到車多的危險路口啊？

記得當年我們社區的大家在討論著是否該幫小花找家時，也曾有過這些討論，總覺得自己不該幫這些浪浪做決定，但有誰想過，他們並不是自己選擇要流浪的啊，他們既然那麼親人，那麼喜歡待在我們身邊，怎麼可能不想跟我們回家，一直待在我們身邊呢？

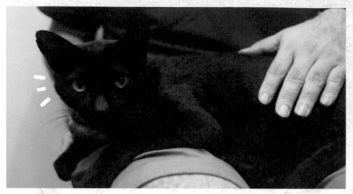

● 現在被一對夫婦收養，更名為「海萊茵」，開啟了他的新生活。

我們總是害怕麻煩，總是害怕改變，也害怕去面對他們可能在外發生所有危險的可能性，或許我們更怕的是往後經過社區門口時，少了那些親人的浪浪陪伴我們。我們請陳媽媽回想一下，在我們剛帶走小黑，小黑下落不明的那幾天，她心裡想的是什麼呢？「希望小黑是遇到好人。」「希望小黑別遇到壞人。」那幾天她的心裡都是這樣的念頭，不是嗎？其實陳媽媽也想把小黑帶回家，但無奈家中孫子對貓毛有嚴重過敏，否則她也不忍心讓小黑流浪在外。

深愛著小黑的陳媽媽當然能夠理解這些，又考慮到小黑有貓愛滋的事實，終究還是同意我們將小黑送養。篩選小黑正式奴才這樣重大的任務，我們很用心的評估，希望能夠考慮清楚每一個對小黑最有利的條件，再做出最正確的決定。在這段不短的時間裡，陳媽媽每日下班都來醫院陪伴著小黑，從她凝視小黑的眼神，我們知道，此時陳媽媽心裡所有的不捨，便是她對小黑最無可取代的關愛。

終於在十月的某天，小黑離開了醫院，陳媽媽一邊紅著雙眼，叮嚀小黑到新家要乖乖才能得人疼，同時不忘確認小黑的隨身物品是否都已完備，雖然不捨，但至少慶幸自己能將小黑送去更幸福的未來。回到新家的小黑，從此有了專屬自己的爸爸媽媽，有好多的玩具和逗貓棒，還有永遠都溫暖的小被窩。更重要的是，從此以後，他不再需要忍受風吹日曬，也不再使愛他的人們擔心。

如果小花、大橘子、班班這些無辜的生命讓我們上了沉重的一課，那麼小黑的幸福大概便是由此而生，希望在這片土地上，所有親人的毛孩都能得到他們該享受的幸福，他們的命運，其實全然由我們決定。

LESSON
認識貓愛滋

很多人聽到愛滋病就害怕，甚至有很多誤解，貓愛滋是免疫缺乏的一種病症，只要好好瞭解，就會知道貓愛滋並不可怕，可怕的是我們的無知與歧視，以下整理了一些關於貓愛滋的重點，希望能幫助到需要的人。

1 【貓愛滋不會傳染給人】貓愛滋只會在貓咪間互相傳染，同理，人的愛滋也不會傳染給貓喔。

- -

2 【透過血液才能傳染】通常會透過貓咪間的激烈打架、輸血傳染，一般貓咪的接觸如：共用食盆、貓砂盆、互相理毛，都是很難傳染的喔。

- -

3 【免疫能力較差】貓愛滋是免疫力缺乏的病症，但致死率不會是百分之百，做好照護，仍可能終生不發病、健康到老喔。

- -

4 【愛滋貓不適合流浪】貓愛滋感染的高危險群為公貓和未結紮的貓咪，若他們流浪在外或是被放養的話，容易因為爭地盤而與其他貓咪起衝突，透過打架流血而傳染給健康的貓，造成更多貓咪感染貓愛滋。

- -

5 【分居】除非你能保證健康貓和愛滋貓彼此絕對不會打架、流血，否則還是建議讓他們分開生活，才能避免感染的可能性。

愛滋貓其實沒有那麼可怕，就跟人一樣，沒有完美的人，每隻貓都有不完美的地方，愛滋貓並不會把愛滋傳給人類，但人類卻可以把滿滿的愛，傳染給他們，相信他們也會回報滿滿的愛給我們的。

資料參考來自網路以及「猩猩狐狸動物醫院」

初次見到，左手正被捆著鐵絲的大大健。

被人類欺負的大大健

大大健是一隻白底黑斑花色的米克斯狗狗，最初遇見他的是工作室的鄰居 Kimi，於上班途中看見他在橋下獨自跛著腳徘徊著，他當時因為前腳受傷，還纏著 20 公分長的鐵絲拖在地上，所以每走一步就會發出痛苦的呻吟聲，Kimi 試著想要走上前去查看，沒想到大大健一看到人，就急忙想逃跑，可能因為前腳的傷，讓他痛得不斷哀嚎，Kimi 一方面不忍心讓大大健這樣為了躲她而痛苦，一方面要趕著去上班，於是輾轉尋求其他愛媽協助。

愛媽到現場後，試了許多方式仍然無法靠近大大健，最後現場來了許多人幫忙，也都無法成功，眼看大大健的傷勢十分嚴重，這樣拖下去不是辦法，於是找來了專業吹箭手協助，利用吹箭麻醉，才成功將大大健送醫治療。

醫生檢查後發現，大大健之所以疼痛，是因為他的左前腳有鐵絲纏住導致受傷，仔細看才發現，那傷口上的鐵絲是被很規律的纏繞著，甚至醫師還用鉗子，才能一圈一圈拆除，那傷口深可見骨，有極大的可能是人為造成，當時的大大健體溫已幾乎失溫，而且組織都已經壞死，只能幫他做截肢手術，以免讓發炎持續擴散，造成生命危險。

光想都覺得不可思議，怎會有人這麼無聊殘忍，要這樣傷害一隻沒有攻擊能力的狗？好難想像大大健在當下受到多麼恐怖的虐待，才會在他心靈上留下無法抹滅的夢魘，導致現在如此的怕人膽小？

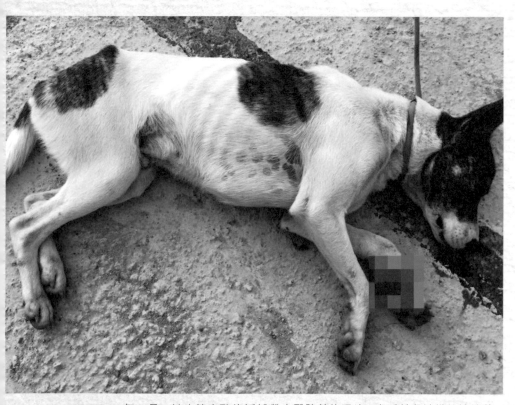

▲ 2015 年 2 月，被吹箭麻醉後誘捕帶去醫院前的照片，左手前段被鐵絲纏繞著。

後來 Kimi 輾轉找到了從前餵養大大健的謝媽以及勞小姐，謝媽回想，大大健本來就較沒自信，以前每次放飯時，他總會先躲在角落，等他兄弟們吃了之後，他才敢默默走出來。當時他們有一群狗總會集體行動，而大大健便是其中之一，因為他們幾乎每天都會從河的兩岸游水橫渡，可能因為受傷，大大健才與他的同伴們脫隊走散。

在醫院治療休養的大大健，依舊非常膽小，很容易受驚害怕，本想直接替他找一個安穩的家，但他除了怕人之外，也怕狗怕貓，實在很難在短時間內找尋到適合的有緣人。

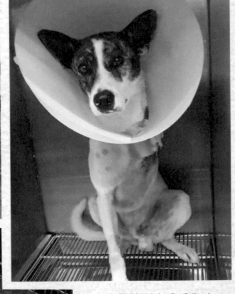

◀ 當年被愛媽照顧的時候，還未受傷。

◀▲ 在醫院剛完成手術時，
極度不信任人類。

大夥兒在討論過後,希望先協助大大健做親人訓練,於是讓他跟著勞小姐回家,可惜過了大概三個月,大大健還是無法與勞小姐家的狗和平相處,再加上像他這樣子受過嚴重心靈創傷的毛孩,很需要一個熟悉的人,能夠長時間、一對一專心陪在他身邊,大量與他有身體的接觸,並且與他說話,然而這些都是身為上班族的勞小姐無法做到的。

為了幫助大大健送養,讓大大健有更好的親人訓練便是首要任務,陸續有許多人給予關心,也給予很多寶貴意見,大大健也先後待了兩間不同縣市的中途之家,但因兩間分別有不同的狀況,發現都不是那麼適合他,所以各待了三個月及半年後就離開,而離開時大大健的親人程度仍然不如預期。

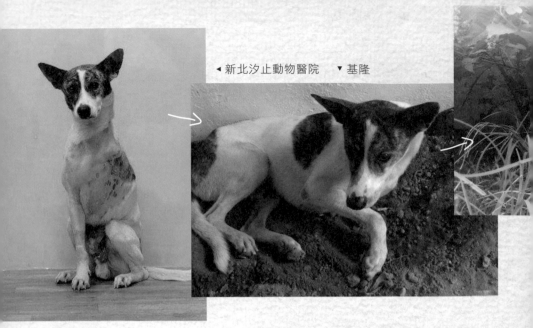

● 大大健待過的所有地方。

本來在大大健的領養訊息曝光之後，曾有一個美國家庭想要領養他，不過狗狗在入境美國時有一個規定，必須由當地的檢疫所人員親自牽進去，但大大健根本不可能願意讓陌生人靠近，更何況是要被拉著走，而他如果因為害怕而想攻擊人，就很有可能在機場被隔離並送去實行安樂死。當時許多訓練師評估大大健的狀況，都覺得他雖有進步，但仍不夠親人，所以我們當然不可能冒這個險。又加上想到大大健一旦真的去美國，我們也許就真的再也看不到他了。考慮再三之後，決定放棄讓大大健出國的機會，至少在台灣，我們還能隨時知道他的近況，也能隨時去看看他、關心他。

正當大家對大大健的未來憂心忡忡時，我們找到了在新北三芝的中途之家，那邊有很大的戶外草地，也有很多像大大健一樣身體有殘缺的狗狗，更重要的是這邊的老闆非常歡迎大大健，甚至因為知道他會害怕別的狗，特地為他開闢了一個獨立區域，讓他可以安心在裡面獨居生活。後來大大健也開始越來越親近老闆，雖然偶爾仍會透露出緊張與不安，但面對現在自由舒適的環境，大大健的表情好像已經說明，他那曾被人類傷害的心，已經正在慢慢恢復著。

◀ 桃園

▼ 台中

大家好，我是大大健。

▼ 淡水三芝

在台灣，像大大健這樣能被拯救的受虐毛孩，已經算是不幸中的大幸，在我們沒看見的角落裡，又有多少毛孩是在孤獨痛苦中默默死去呢？透過大大健的故事，希望能讓更多人願意對流浪動物關懷，或用各種方式告訴身旁的親友們，如果不喜歡，也請不要傷害他們，他們從不要求什麼，他們只希望能安穩的活下去⋯⋯

LESSON
不幸中的大幸

大大健雖然很不幸的少了一隻手，但幸運的是被那麼多人救助過，到現在還是有人持續助養他，讓他在淡水三芝的這個寵物農場居住著，這裡收留了許多狗狗，環境也整理得很好，而他們的數量一直維持著在一定量內，避免數量太多，不要讓狗狗生活起來有壓力。

在台灣各地，其實一直都有很多愛媽、愛爸（替流浪動物無私付出之人的代稱）像這樣照顧著許多貓狗們。雖然大小規模皆不相同，有的可能只是小小的空間、也有的是像這樣有個大空地，不論如何，都提供了這些孩子很棒的照護。令人難過的是，雖然有這群人，但台灣仍有非常多的流浪動物，主因仍是寵物的買賣。其實，在台灣實在不必要再製造「寵物」了，沒有需求就沒有販賣，請以領養代替購買。

照片取自「Happy FamilY 寵物農場」

喵……
喵……

關於富貴：狸貓的一段沉痛回憶

富貴，一般來說是指擁有社會地位或經濟能力的狀態，而對我（狸貓）來說，「擁有富貴」當然也是心中的一個小夢想。以下，是我振作起精神，鼓起勇氣寫出來的一段故事。

2012 年，剛退伍的我，從台南回到台北的工作室開始工作，雖然說是工作室，但當時主要成員其實只有我和志銘二人。工作室主要是以製作影像為收入來源，但萬事起頭難，而且職場實在是比我們想像中來得複雜，學生時代對於拍片的衝勁與夢想，漸漸被案源不穩和種種生存壓力給消磨掉了。

「是不是，只要求個溫飽就好了呢？」我看看身旁的五隻貓咪們，正對我輕輕喵了一聲，彷彿在勸我多替他們的肚子想想。於是，慢慢的，我們開始接了一些沒什麼興趣的拍攝案或影像紀錄，希望至少能給自己和貓咪們基本的溫飽，努力讓生活穩定一點。

2012 年 7 月 17 日，朋友傳來了一則訊息，內容大意是他在停車場發現了一隻瘦瘦髒髒的奶貓，想詢問工作室這邊有沒有空間可以暫時安置他？當時志銘在當兵，唯一的決定權就落在我身上了，而心軟的我，開始在腦海裡浮現他流浪在停車場內、隨時會被車子輾過的可怕畫面，於是我立馬答應了，即使我並沒有任何照顧奶貓的經驗。

某社區停車場 2012/0717

朋友把他先放
入紙箱中……

在後宮到處爬的富貴
2012/0719

「啊，好小的小傢伙啊！」這是我看到他第一眼的想法，雖然沒有經驗，但為了避免被阿瑪吃掉，我還是很聰明的先把他隔離起來，讓他住在一個小外出籠裡，裡面鋪著乾淨衣物替他保暖。食物方面，經過上網搜尋後知道，小貓得喝貓咪專用的奶粉泡的貓牛奶，所以我就當起他的餵食器，一點一點的餵奶給他，而他也漸漸學會用熱情的喵喵聲回應我。

不知道是哪一天了，朋友突然問我，要叫他什麼名字呢？就如同前面提到的，當年的我實在是被生活所困苦著，半開玩笑的說：「不如，就叫他富貴吧！」朋友識相的也贊同了我，我也默默的在心裡想著，貓咪都會招財嘛，他一定是個好運的象徵，希望富貴這小傢伙也喜歡這個名字。

富貴活動力滿好的，吃的東西也挺多的，但漸漸發現，奇怪，怎麼他都不太大小便呢？明明吃了那麼多東西啊。原來，富貴還算是小貓，小貓的大小便，需要透過母貓舔舐刺激排泄處，幫助他們排泄，但是沒有母貓的話，就必須由人類擔任這個角色，嗯……當然不是用舔舔的啦，如果你要舔也是可以啦……不太建議就是了，比較建議的是用濕潤的紙巾，輕微的碰觸、刺激排泄處，幫助他們學習排泄，這個步驟真的非常非常重要噢，就這樣，慢慢開始學著替他把屎把尿，當起了不太專業的貓咪小奶爸。

179

平時富貴
就睡在
這個窩裡面

8月9日這天早晨，一如往常準備泡奶時，發現窩裡的他異常安靜，還想說終於
變成熟了一點了嗎，不會急忙催促著我，但我打開籠子後才發現，富貴已全身癱
軟在籠子裡，呼吸非常的微弱，我馬上意識到情況不對，一邊緊張的呼喚著他的
名字，一邊趕緊準備帶他去醫院。

「我不是已經把該做的事情都做了嗎？怎麼會突然這個樣子？」不知所措、緊張、
茫然、害怕的心情一湧而上，複雜的情緒不斷的擠壓著我的心，而我只能盡力的
摸摸他、呼喊他，希望他只是跟我開個玩笑，等等馬上就會振作起來跟我討奶喝
了。

富貴，就在前往醫院的路上，悄悄的先去當小天使了。

以前，阿瑪的兔子好朋友「灰胖」過世時，因為我沒有在當下經歷到他離開的過程，所以對死亡的感覺並不強烈，而富貴卻是在我手中緩緩離開，這個感覺至今仍無法忘懷，「昨天，你不是還好好的嗎？是我害了你嗎？」深深的愧疚感自此之後不斷在內心蔓延著。

現在在寫著這段文字的我，仍很難鼓起勇氣去直視富貴的照片，甚至是與他人侃侃而談討論起富貴，總覺得是我沒有顧好他，造成了這個遺憾，即便富貴已離開了好多年。

因為富貴先去當了天使，所以我的目的地就從醫院改成了墓園，一個位於金山，視線良好的寵物墓園，我打了電話約了那位撿到富貴的朋友一同前往，記得那天天氣非常的好，有著如童話裡美麗的藍天，我坐在車上，一方面開玩笑的安慰自己，實在是沒有富貴命，一方面想著他向我吵著要奶喝、在地上到處爬行走路的景象，平時哭點非常高的我，眼淚還是不小心跑了出來，也好，就把這場眼淚當成我送給富貴的一場餞別禮。

富貴的長眠處 2012/0809

謝謝

富貴的長眠處旁邊有棵小樹，希望富貴能幫助這棵小樹好好成長，讓小樹成為他與這個世界的連結，繼續仰望著這個複雜的世界。

不知不覺，太陽下山了，看著前方漸漸變暗的天空，心裡開始思考著，我與富貴的關係就此結束了嗎？我覺得，生命是會循環的，就像太陽每天都會起落一樣，也許，富貴與我的關係先告一個段落，但他曾經在我最低潮的歲月，帶給我的那些快樂或幸福，都是實實在在、永遠無法遺忘的感受，而我將帶著這些回憶，好好繼續走在我未來的人生。

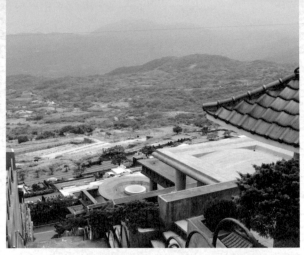

應該很多人會好奇富貴到底是生什麼病，他怎麼了？其實至今也沒有確
切的原因，因為當時太突然，就沒有再帶去醫院檢查（畢竟都過世了）。
後來我們在網路上查詢及詢問動物醫師，奶貓離開母貓之後，本來就較
容易因為各種因素，例如：體重過輕、基因缺陷、先天營養不良、病毒
感染、心臟和呼吸系統等問題夭折，所以除了給他最完整的照護之外，
撿到奶貓之後，也要帶去動物醫院做簡單的諮詢和身體檢查，並且在奶
貓成長到適當體型後，去做進一步的相關疫苗注射。

阿瑪與富貴 2012/0725

富貴，你現在過得好嗎？也許是有你或是灰胖的庇護，阿瑪和後宮們現在都還算健康安穩，未來，也要多多照顧喔，謝謝你當年的陪伴。

LESSON
奶貓救援小知識

相較於成貓來說，奶貓在街頭上並不常見，但在每年的 5 ～ 9 月會有一波奶貓潮，也是中途之家和愛媽們最忙碌的時候。也許未來你也會在街上遇到需要協助的奶貓，不知道該怎麼辦的話，請記得以下關於奶貓救援的五個重點。

1 【判斷】發現奶貓，不要馬上用手觸摸他們，沾染人類氣味會使母貓拋棄小貓，建議先花 2 ～ 5 個小時等待母貓是否會回來，以及觀察身體乾淨程度來判斷是否遭遺棄。

- -

2 【送醫】確認是被遺棄的奶貓，做好簡單保暖後，趕快帶去動物醫院做基本的身體健康檢查，也可順便詢問相關照護資訊。

- -

3 【保暖與隔離】帶回家後，記得一定要用些柔軟衣物替他保暖，除此之外，若家中有寵物的建議先隔離飼養，避免潛伏疾病、寄生蟲、跳蚤傳染到居家寵物身上，彼此互相保護。

- -

4 【餵食】不到一個月大的奶貓，主食為貓牛奶，可至寵物店購買貓用奶粉，千萬不能餵食人類喝的牛奶，以溫水 38 ～ 40 度沖泡為佳，每 2 ～ 3 小時餵食一次，餵完請輕拍背部幫助他消化，餵食姿勢請不要仰躺著餵，避免嗆到，請讓他以趴姿、抬高 45 度餵食，詳細姿勢可在就醫時詢問醫師。

- -

5 【催便與排尿】這個步驟非常重要，因為奶貓腸胃系統還沒發育完整，也沒有母貓幫忙舔舐刺激排泄器官，所以我們要代替母貓，用濕紙巾輕輕擦拭小貓的排泄器官（屁股部分），直到順利排出。因為只喝奶，大便不會每天有，小便則是一天多次，若超過三天未排便，請立即送醫檢查喔。

部分資料參考來自「**奶貓救援隊**」，他們的臉書專頁上有更豐富的知識喔！

黃阿瑪的後宮生活
粉絲團的妙私訊

黃阿瑪的 FB 粉絲團，目前已經破 100 萬人追蹤，子民遍及在亞洲世界各地，粉絲團每天都會收到好幾十封的訊息，內容五花八門。常見的是有人撿到貓狗要幫忙貼送養文，或是家中寵物走失需要大家幫忙協尋，這些基本上我們能幫的都會幫忙，不過接下來這些是比較特別的，例如，跟阿瑪告白、想要阿瑪跟他說生日快樂、想要阿瑪的 LINE 帳號、純粹想跟阿瑪聊天、甚至是想要認養阿瑪或其他貓咪的（？），也有一些非常無聊的罐頭訊息，「若你在幾天內沒有傳出去，會怎樣怎樣……」諸如此類的垃圾訊息，還有一些是詢問寵物生活、健康、醫療的問題訊息。當然，如果是我們可以回答的都會回答，但太過於專業、無意義、沒有自己查詢過的基本問題，我們……會建議你自己上網好好做功課或詢問專業醫師，這樣也比等我們回覆來得快又好喔！訊息太多，真的沒有辦法即時回覆呢！以下，是我們蒐集的一些經典問答，請帶著愉快的心情閱讀喔。

朕～真忙啊。

子民　要怎麼知道貓在說什麼啊？

 有喝過貓尿的人，就會得到這個能力喔！

子民　阿瑪(的奴婢)好，我最近好想念肉嘟嘟的阿瑪，可以多發影片嗎？不能我也能體諒奴婢喔，謝謝。

 朕沒有奴婢，朕只有奴才，然後朕很忙，很開心你能體諒。

+ 📞 ⚙ ✕

【一】因為志銘奴才喝過貓尿，所以才知道他們在說什麼……(？)

【二】阿瑪的影片通常是每週五發布更新。

子民　為什麼最近沒有更新粉絲團呢？你們沒事吧？我很擔心！！！！

 每天都有更新喔……我們都沒事，謝謝你。

【三】因為臉書演算法的關係，即使有按粉絲團的讚，也有可能看不到我們的貼文，建議可以主動點擊粉絲團喔！

【四】我們很常收到類似的訊息，尤其是在七、八月份時，判斷是放暑假小朋友們太無聊了，想跟阿瑪聊天。

子民　今天是我生日，可以要求阿瑪跟我說生日快樂嗎？拜託你！可以嗎？

 生日快樂！
由奴才傳送(此行不會顯示)

子民　可以貓咪說嗎？謝謝你。

 生日快樂！
由奴才傳送(此行不會顯示)

 剛剛那個是阿瑪說的。
由奴才傳送(此行不會顯示)

子民　謝謝你！

大家的問題，都很厲害，厲害到令人說不出話來呢。

子民 想問阿瑪，貓咪結紮後，回家通常怎麼照顧比較好，要注意什麼嗎？

 問問醫生喔。

子民 那結紮的過程大概多久？

 問問醫生，他們會知道喔。

子民 為什麼Socles都住在籠子裡啊？我看影片每次她都住在籠子裡？為什麼？

 祕密。

子民 拜託告訴我，我才12歲，很天真滴。

 開學了，快去睡覺。

子民 志銘看起來好兇喔，他好相處嗎？

 噓……
由狸貓傳送(此行不會顯示)

子民 為什麼？因為志銘會看對不對啊？

 因為回你的就是志銘。
由狸貓傳送(此行不會顯示)

＋ ☎ ⚙ ✕

【五】很多人遇到醫療方面的問題都會私訊我們，但其實我們沒有醫療知識背景，有些問題沒辦法給予專業的意見，建議還是詢問動物醫師喔。

【六】這個問題在這本書裡面已經有詳細的說明了，希望未來不要再收到相關訊息，希望如此。

【七】面惡心善的志銘，心機重重的狸貓，希望小朋友不要被嚇到。

嗯～我還是好好舔毛就好了。

189

子民　我很好奇奴才當下怎麼知道阿瑪在說什麼，對答如流，字幕完全無違和呢？

 朕有教他貓語。

子民　請問阿瑪現在在做什麼？

子民　請問阿瑪現在在做什麼？

不想跟你說。

子民　請問你住哪？

子民　請問有LINE可以加嗎？

子民　請問有LINE嗎？你住哪？

請問暑假快結束了嗎？

子民　好想看阿瑪剃毛的樣子，會幫他剃嗎？

我也想看你剃毛的樣子。

【八】影片拍攝的時候，我們通常不會有預設好的腳本，只有很少數的影片才會有腳本，大部分都是跟著阿瑪他們隨性對談，再後續配上適合的字幕。

【九】這也是很常見的私訊問題之一，估計大部分為小朋友的詢問。

【十】同上，且阿瑪沒有LINE官方帳號。

【十一】後宮裡面沒有貓咪全身剃毛過，除非有醫療需求，基本上不會特別剃毛。

我有剃過肚子毛，因為之前生病嘛！

子民 我是小孩子，你可以送我一隻貓咪嗎？

 要寄到哪裡？

子民 桃園楊梅，你有沒有不掉毛的貓咪啊？

 好喔，明天會把貓咪寄出，記得去取貨，大概中午左右會到，要愛他一輩子喔。

子民 是真的貓咪還是假的貓咪啊？是娃娃嗎？

 真的貓，阿瑪貓咪。

子民 真的嗎？真的嗎？ 隔了五分鐘後……

子民 你好，請問你的電話可以給我嗎？我是他姊姊，我媽媽不准養，要把貓咪退掉。

子民 你好，我的貓咪在吐血，怎麼辦，她生了什麼病？會不會有生命危險？

 趕快帶去看醫生啦！

【十二】這個私訊非常的特別，應該是來自一個小朋友，我們半開玩笑的跟他聊了起來，沒想到他卻當真了，小朋友的姊姊還出面替小朋友解圍，希望小朋友可以學習到正確的觀念，養貓可沒那麼簡單喔，要有錢、有時間、有耐心，還要有一顆愛他的心，因為貓咪非常難照顧喔，最後，不要在網路上亂聊啊，會遇到怪人！

【十三】遇到任何貓咪身體的狀況，真的不要等待、也不要求問網友，直接去動物醫院詢問專業的醫生，最快也最有幫助喔！

阿瑪你是皇上，不要笑別人。

呵呵，是不是很好笑？

子民：我突然有一個念頭，我想把浣腸帶回家，想請問浣腸是否可以願意跟我回家？

藥局都有賣浣腸藥喔。

子民：請問有漂亮的貓可以認養嗎？

有心，什麼貓都會漂亮喔。

子民：請問你的貓都幾點睡？

無時無刻都在睡啊。

子民：不好意思，請問可以拍一張阿瑪的照片給我嗎？

粉絲團上都有啊。

子民：黃阿瑪奴才們，我只想說我真的很感謝你們長久以來的用心和努力製作這些療癒的影片，我過去的日子經歷了很長時間的傷心，我每一晚睡不著覺就會去看阿瑪和後宮們，看著就會慢慢有睡意，希望你們繼續努力喔！愛死阿瑪了！

朕也愛你。

【十四】再跟小朋友們說一次，貓咪不好養，千萬不要因為他們可愛而要求要養貓咪，除非你會賺錢、有耐心、有愛心，因為貓咪會陪伴你好幾十年喔，你需要把未來生涯規畫都考慮進去喔！

【十五】這是真心話，也許外面流浪的貓看起來沒那麼乾淨，但只要帶回家、清理過後，就會變得很美很帥喔，你看阿瑪就知道了！

【十六】貓咪睡覺時間真的很長，吃過早餐就睡、吃完午餐也睡、吃完晚餐也睡，偶爾會起來走動、打鬧一下而已。

【十七】非常常遇到的問題，可能追求的是即時性。

【十八】謝謝你的訊息，最喜歡收到這種訊息了！

子民們的問題，真的是非常高深莫測啊。

子民　請問阿瑪是什麼配色？

 黃色加白色。

子民　黃阿瑪是一隻貓嗎？

 哇！恭喜你獲得「最令阿瑪難以回答的問題獎」，朕算是一隻貓，但朕是皇上。

子民　請幫我查一下，我要換XL尺寸的壓力褲，何時寄出？宅急便已經將L尺寸的收走了。

 朕這裡沒有XL壓力褲，只有XL的肥肚肚。

子民　對不起！我搞錯粉絲團了！

子民　化毛膏真的很好吃嗎？

 你可以吃吃看喔！

子民　你好，我最近會到台灣旅遊，請問可以給我你的地址嗎？我想過去看看你們喔！

 我們沒有開放參觀喔！

【十九】簡單的配色，搭配生活簡單的阿瑪，很搭。

【二十】招弟、三腳、嚕嚕、Socles、柚子、浣腸全部都是貓咪喔。

【二十一】不管是什麼內容，大家在傳送訊息前，都要確認好對象喔。

【二十二】阿瑪愛吃的化毛膏，其實不一定全部的貓咪都喜歡，因為後宮這邊愛吃這款的，其實只有阿瑪和柚子，其他幾位都還好，所以建議不一定要追求跟阿瑪用一樣的，可以多試試看幾款，看看你家的貓咪喜歡什麼牌子、什麼口味喔。

【二十三】後宮是我們的工作室，是一般的社區，不方便對外開放參觀喔！

終於結束了，我們奴才很忙的，記得沒事不要來打擾他們喔！

謝謝

每次出書前都很興奮，因為又多了一個機會可以好好記錄著這些貓咪們的回憶，關於我們與他們的生活，那些曾實實在在發生的每段歲月，都因為這本書的出版，有了更獨特的意義。但除此之外，每到出書前夕，好像都會有一種病毒魔咒，記得去年的現在，我連續流鼻水咳嗽了一個多月，睽違一年之後，我又再度感冒了，而現在邊修改文字邊校稿的我，桌上擺著一整包面紙，讓我可以一直持續擤鼻涕。眼看著貓咪們都正在周圍癱軟昏睡著，我雖拖著沉重的眼皮，卻還是很興奮的，想要趕緊完成這美好的工作。

在完稿前的這幾天，剛好又是後宮們修剪指甲的時間，依照慣例我先修剪嚕嚕、柚子以及 Socles，原因無他，只是因為他們會主動跳到我身上，所以只要他們在我身上踏踏而我感覺刺痛時，就代表又到了全後宮剪指甲的時刻了。我如往常幫嚕嚕修剪指甲，原以為嚕嚕已經乖順許多，沒想到這次他卻又判若兩貓，過程中不斷掙扎、怒吼、恐嚇、威脅，實在讓人心驚膽顫，好啦，也許嚕嚕只是想藉此告訴我們他康復了。讓我們恭喜嚕嚕，那我先去擦藥囉……

現在是 12 月 31 號，2016 的最後一天，看著剛做好的影片「2016 年度十大影片」慢慢回想這　年來關於阿瑪的各種事情。2016 年，我們接了好幾場的校園或活動講座，分享一些關於飼養貓咪的觀念、經驗，也跟一些百貨業者合作了幾次有趣療癒的寵物展覽，也替阿瑪的插畫公仔「大瑪」找尋各個適合擺放的場地，還有一些節目或新聞媒體來採訪阿瑪……關於阿瑪的事情越來越多，老實說，當然會感到開心，但是，壓力也是隨之而來，每當我感到疲累的時候，我會這樣想。

「也許，會有人因為阿瑪改變了對貓咪的想法。」這樣想，我就有動力想繼續把阿瑪的生活分享給還不認識的人，說不定有人就因為這樣多認養了一隻貓，或少一隻被棄養的貓，甚至是悄悄改變了他們自身周圍的親朋好友們的想法，若真的因此有些為改變，我的疲勞也有那麼一點點的價值了！

這是阿瑪的第三本書，要謝謝好多好多人，當然，還有正看著這本書的你。

黃阿瑪的後宮生活
Fumeancats

被貓咪包圍的日子

I can count on my cats. They are always by my side.

作　　者／志銘與狸貓
排版＆美術設計／米花映像
企畫選書人／張莉榮

總 編 輯／賈俊國
副總編輯／蘇士尹
資深主編／吳岱珍
編　　輯／高懿萩

行銷企畫／張莉榮・廖可筠・蕭羽猜
發 行 人／何飛鵬
出　　版／布克文化出版事業部
　　　　　台北市中山區民生東路二段 141 號 8 樓
　　　　　電話：(02)2500-7008　傳真：(02)2502-7676
　　　　　Email：sbooker.service@cite.com.tw
發 行／英屬蓋曼群島商家庭傳媒股份有限公司城邦分公司
　　　　　台北市中山區民生東路二段 141 號 2 樓
　　　　　書虫客服服務專線：(02)2500-7718；2500-7719
　　　　　24 小時傳真專線：(02)2500-1990；2500-1991
　　　　　劃撥帳號：19863813；戶名：書虫股份有限公司
　　　　　讀者服務信箱：service@readingclub.com.tw
香港發行所／城邦（香港）出版集團有限公司
　　　　　香港灣仔駱克道 193 號東超商業中心 1 樓
　　　　　電話：+852-2508- 6231　　傳真：+852-2578- 9337
　　　　　Email：hkcite@biznetvigator.com
馬新發行所／城邦（馬新）出版集團 Cit 　(M) Sdn. Bhd.
　　　　　41, Jalan Radin Anum, Bandar Baru Sri Petaling,
　　　　　57000 Kuala Lumpur, Malaysia
　　　　　電話：+603- 9057-8822　　傳真：+603- 9057-6622
　　　　　Email：cite@cite.com.my

印 刷／卡樂彩色製版印刷有限公司
初 版／2017 年（民 106）01 月
初版 65 刷／2023 年（民 112）03 月
售 價／350 元
ISBN ／978-986-94281-4-9

城邦讀書花園　∞ 布克文化
www.cite.com.tw　www.sbooker.com.tw